好好吃鹽

鹽的料理帖

擺脫減鹽迷思！

保留原味X極簡調味X黃金比例,

90品最佳用鹽的安心料理

日本料理研究家
角田真秀 著 林詠純 譯

鹽，才能擁有的可能性

我們最熟悉的調味料，果然還是「鹽」。
但也不禁感慨，就是因為太過熟悉，才意外地有不為人知的一面。
鹽除了調味之外，還能突顯食材鮮味，或是提高保存性。
甚至肩負著與生命直接相關的重要功能。就讓我們來探索「鹽」的可能性吧！

只靠鹽就能調味

1章 P.10～51

利用鹽揉與鹽漬，突顯食材的鮮味

2章 P.56～83

混合帶來趣味

4章 P.118～129

使用1%與3%的鹽水
延長保存期限

3章 P.88～111

用鹽保存，
減少購物的次數

2章 3章 專欄 P.52～55

鹽的基礎

角田家常備的粗鹽，以滋味溫和為魅力。
本書刊載的食譜，也使用以日曬鹽為原料的粗鹽。
每種商品都有各自的特色，在此就為大家介紹共通點。

相較於精鹽粗鹽含有更多的鹽滷

鹽的種類很多，最具代表性的包括挖掘在自然力量下結晶化的岩鹽、在鹽田濃縮海水製成的「日曬鹽」，還有以「鹽滷」為原料的粗鹽等。至於經過精製，提高鈉純度的食鹽或調味鹽也稱為「精鹽」。粗鹽的特徵就是鹽滷的含量高於精鹽。

口味溫和，容易與食材融合是特徵

粗鹽中含量較高的「鹽滷」，主要成分是氯化鎂，屬於身體必要的礦物質。在鹽滷的作用下，粗鹽能夠讓人感受複雜的鮮味，鹹味也比鈉純度高的食鹽溫和，因此容易與食材的滋味融合。粗鹽由純淨的海水製成，重視鹽的成分，也能幫助食材脫水並具有防腐作用。

粗鹽與燒鹽

粗鹽雖然有許多優點，但含有大量鹽滷就容易受潮。「有些菜色還是適合乾爽的鹽，但又想要盡量使用粗鹽」有這種煩惱的人，建議使用燒鹽。雖然在市面上能夠買到，但也能用家裡常備的粗鹽自行製作。

燒鹽的製作方式

將適量的粗鹽放進鍋子（或者平底鍋）裡，用小火加熱，同時以鍋鏟緩慢攪拌，使水分蒸發。大約2～3分鐘就能乾燥，當鹽微微上色時就關火。

計量是鹽的關鍵

即使只是「少許」與「一小撮」的微量差距，也會影響鹽的力量。因此用鹽時請正確計量。

少許<1小撮

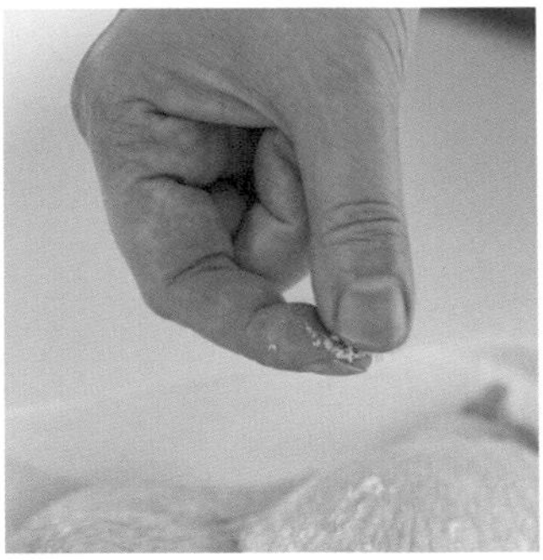

少許鹽＝2根手指，約0.6g，約1/10小匙。1小撮鹽＝3根手指，約1g，約1/6小匙。

依情況進行換算

1小匙粗鹽＝5g，1大匙粗鹽＝15g。1小匙精鹽＝6g，1大匙精鹽＝18g。兩者比重不同。

感受鹽的美味吧！

鹽味飯糰是最能夠直接感受鹽美味的料理。簡單能體驗鹽的滋味有多麼深奧！

鹽飯糰的做法

將白飯（熱的白飯）350g（1/4米杯）分成4等分。

將手沾溼，取1/8～1/4小匙的鹽平均攤在手掌上。

將白飯放在手掌上，輕柔地翻轉3次，捏成三角形。

最後稍微調整形狀。重複同樣的步驟，捏出4個飯糰。

前言

生活型態改變的這幾年，
在家裡自己下廚的機會增加，
經常可以聽到有人抱怨「很辛苦」。

這種時候不妨回歸基本，
從只用鹽就能製作的料理開始。

回頭來看看，鹽不僅能夠簡單調味、方便食材保存，
也適合每週採買1～2次的人預先調味。

日常餐點不需要追求「極緻美味」，
只需要製作能讓自己與家人都感到放鬆的料理
就已經足夠。

2021年秋　角田真秀

所以現在，
就翻開
鹽的料理帖吧！

■預先處理

◎蔬菜基本上省略「清洗」「削皮」等步驟

■冷藏保存

◎保存期間將隨著保存狀態與環境而改變，因此僅供參考。

■材料份量

◎1小匙為5mℓ，1大匙為15mℓ，1杯為200mℓ

■調理工具

◎加熱調理的火候控制以使用瓦斯爐為基準。

■調味料

◎鹽使用「粗鹽」，砂糖使用「蔗糖」，醋使用「米醋」，醬油使用「濃口醬油（譯注：日本最常見的醬油，材料基本上為黃豆與小麥各半）」。調味料的鹹味、甜味、酸味依產品而異，因此食譜的份量僅供參考，請邊試味道邊根據喜好調整口味。如果使用上白糖，請減少使用的量。

◎請勿餵食未滿1歲的嬰兒蜂蜜。

1章

只用鹽的食譜

《好好吃鹽，鹽的料理帖》就從單純用鹽調味的料理開始。
添加砂糖、醬油、味噌、醋、香料等固然簡單，
但如果想要最大限度活用食材本身的滋味，自然就會省略這些調味料。
只要有肉類與魚類發揮的鮮味、蔬菜與水果本身具備的香味與甜味，
以及最低限度所需的鹽味，就能解決日常料理的煩惱。

請一定要透過本章實際體驗，即使不擺出一大堆調味料，也能製作美味的料理。

只用鹽的食譜・5種調理法

「只用鹽」的調理方法大致分成5種。所有手法的共通概念就是不添加過多調味料，而是將食材的鮮美提引出來。除了本書介紹的食譜之外，只要記住這些基本的調理法，自然能夠培養出應用能力。

主菜、配菜、湯品與便利的醬料等。只要運用這5種調理法，就能完成變化多端，讓人想不到是只用鹽調味的料理。

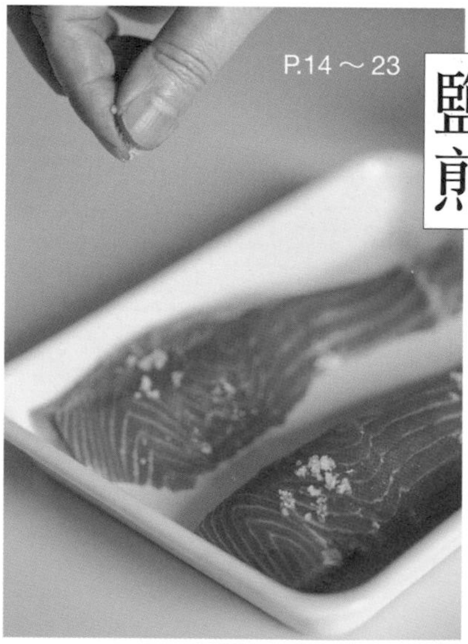

P.14～23

鹽煎

鎖住鮮味的調理法

煎魚是大家所熟悉的，在食材上撒鹽香煎的調理法。食材表面添加的鹽份能夠滲透進食材內部，有助於緊實肉質、防止食材煮散、鎖住美味等優點。本書不只將這個手法運用在海鮮類，也運用在肉類、蔬菜等各種不同的食材上。

溶出鮮味的湯汁是關鍵

不使用調味料增添甜味的鹽煮料理，適合配飯也適合配酒，吃到最後也不會膩。想要融和食材的鮮甜味，煮出渾然一體的美味湯汁，「鹹淡」正是關鍵。

讓味道鮮明的簡單技巧

拌炒的時候，往往會因為加入過多的醬油、砂糖、雞湯粉等各種調味料，導致口味雖重卻很雜，變成一道失敗的料理。但只要將鹽炒視為「基本調味」熟練運用，添加其他調味料的技巧也會變得更好。

靠著短時間加熱提升美味

本書介紹的「鹽蒸」不是餐廳那種鹽焗料理，而是鹽味的蒸煮料理。使用的工具很多，譬如蒸籠、微波爐、鑄鐵鍋等，但共通點都是靠著蒸氣的力量短時間加熱，鎖住食材的鮮甜味。

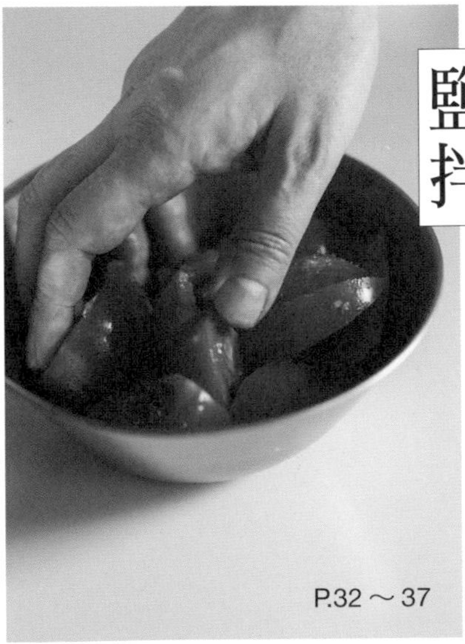

揉出水分濃縮滋味

事先記住鹽拌的食譜，在「還缺一道菜」時就會派上用場。調味只用鹽，接著只需要將橄欖油或麻油等與食材拌勻，就能完成一道時髦的副菜或小料理。記得將食材揉出的水分瀝乾，讓滋味的輪廓更鮮明。

鹽煎

薑燒豬肉與香煎雞肉等
快速就能完成的日常料理不用說，
就連烤牛肉之類的
豪華大餐都沒問題！
將食材煎到焦香美味吧！

鹽味薑燒豬肉

最經典的家庭料理——薑燒豬肉，也能只靠鹽調味。
鹽能夠突顯豬肉鮮甜，怎麼吃也吃不膩的滋味相當新鮮！
高麗菜可以根據喜好煮熟，或是做成高麗菜絲沙拉。

a

加入鹽與薑之後，將整體迅速拌勻。

b

一起加熱，就能大量攝取高麗菜。

豬肉容易變硬，
因此必須注意。
用餘熱悶熟是美味關鍵。

也可以搭配爽脆的高麗菜絲與番茄，做成經典的形式。

材料　2人份

豬里肌肉（薄切）－250g
高麗菜－2片（50g）
鹽－適量
薑（磨泥）－2小匙
酒－2大匙
橄欖油－2小匙

1　高麗菜切絲，撒1小撮鹽進去，用鹽搓揉。

2　平底鍋裡倒入橄欖油，以中火加熱，放入豬肉煎到焦香。接著翻面，撒1/2小匙的鹽、加入薑泥（a），使整體的調味融合。倒入酒，將高麗菜連同揉出的水一起加入（b），等到全部煮熟後就裝盤。

鹽煎雞腿

香脆美味的鹽煎雞腿肉也很適合帶便當！
將雞肉撒鹽放置一個晚上，使鹽味充分滲入是重點。
多一道手續，就能充分突顯食材的鮮甜。

材料　2人份

雞腿肉－1片（250g）
鹽－1/2小匙
大蒜（切薄片）－1/2瓣
迷迭香－1枝
橄欖油－1大匙
蘿蔓生菜－適量
檸檬（切成菱形）－適量

1　雞肉除去多餘脂肪，在筋上劃出切痕，加鹽搓揉（a）。較厚的部分劃出切痕並攤開，使厚度平均。加入蒜片、迷迭香，用保鮮膜包起來，放置一晚。

2　平底鍋倒入橄欖油，以中火加熱，將1的雞肉皮朝下放入，煎4～5分鐘左右，等到下半部變色後翻面轉小火（b），再煎3分鐘左右。

3　趁熱用鋁箔紙包起靜置約5分鐘，最後分切，搭配蘿蔓生菜與檸檬裝盤。

使用鋁箔紙包起來，
就能利用餘熱悶熟內部，
這樣煎好的雞腿就會柔嫩多汁。

a

將鹽撒在整片雞肉上，並搓揉均勻。

b

以中火慢煎，等到煎出微焦的色澤後翻面。

材料　2 人份

生鮭魚（切片）－2片

鹽－4小撮

小番茄－6個

大蒜（切薄片）－1瓣

海瓜子（預先吐沙）－10顆

A　白酒－2大匙
　　鹽－ 1/2 小匙

橄欖油－1大匙

巴西利（切碎）－適量

1　將4小撮鹽撒在鮭魚片上，小番茄縱切成一半。

2　平底鍋裡倒入橄欖油，加入大蒜以中火加熱，接著將鮭魚片放入。兩面稍微煎過之後，取出放在調理盤上（a）。

3　將[2]的平底鍋稍微擦拭一下，放入海瓜子與A。等到海瓜子煮熟張開後，再把鮭魚放回去，加入小番茄煮滾（b）。裝盤並撒上巴西利。

作為主要食材的鮭魚，也可以換成鯛魚或劍旗魚等白肉魚

義式水煮魚風煎鮭魚

「義式水煮魚」是將海鮮等蒸煮而成的義大利料理，在家裡也能輕鬆製作。將撒了鹽的鮭魚表面稍微煎一下，再加入海瓜子等蒸煮，就會有鬆軟的口感與垂涎的香味。

a

鮭魚會再次加熱，所以裡面沒有完全熟透也沒關係。

b

將小番茄煮到軟，使整體味道融合。

馬鈴薯煎餅

最近市面上出現許多不同品種的馬鈴薯，可以享受不同的顏色與口感。只要撒上鹽與麵粉做成煎餅，就能完成時髦的輕食。

材料　2人份

馬鈴薯－小的3顆（如果買得到，黃、紅、紫各1顆）
鹽－1/4小匙
麵粉－1大匙
橄欖油－1又1/2大匙

1　將馬鈴薯切絲裝進大調理缽裡，撒入麵粉與鹽（如果製作3種顏色，請將各個顏色分開裝）。

2　平底鍋裡倒入橄欖油，以較弱的中火加熱，加入1/3的1。整理成約手掌大的圓形，煎約4～5分鐘，煎到焦脆後翻面，再煎3～4分鐘直到焦脆。重複同樣的步驟，總共製作3片。

鹽味玉子燒

雖然甜味玉子燒、
高湯玉子燒也很美味，
但我家最常做的還是清爽的鹽味。
很適合配著飯吃。

材料2～3人份
蛋－4顆
鹽－2小撮
沙拉油－1又1/2大匙

1 將蛋打進調理缽裡，加入鹽、1大匙水，稍微攪拌一下（請勿過度攪拌），製成蛋液。
2 在玉子燒鍋裡倒入沙拉油，以中火加熱，使油均勻分佈。多餘的油用廚房紙巾擦拭吸收。倒入一半份量的1，以料理長筷畫大圓稍微攪拌。
3 往自己的方向對折。使用2的廚房紙巾擦拭鍋子使其均勻沾附油，接著將剩下的蛋液分成2次倒入。每次都以同樣方式對折。

材料　方便製作的份量

牛腿肉（肉塊・用棉繩綁起來）*－600g
鹽－將近1大匙（12g）
紅蘿蔔－1條
洋蔥－1顆
沙拉油－4大匙
奶油－15g
奶油萵苣－適量
顆粒芥末醬－適量
*在室溫放置30分鐘以上。

切成薄片的烤牛肉，也可
做成三明治或沙拉。

1　牛肉表面抹鹽搓揉（a）。紅蘿蔔斜切成5mm的薄片，洋蔥縱切成1cm寬。

2　平底鍋裡倒入沙拉油，以大火加熱，將牛肉的每一面煎到焦香。

3　加入奶油、紅蘿蔔、洋蔥，轉成中火，時常如拌炒般翻動，煎約10分鐘（b）。將牛肉用鋁箔紙包起來，靜置1個小時，使內部熟透。稍微冷卻之後放進冰箱一個晚上。分切成薄片，搭配奶油萵苣裝盤，並根據喜好添加顆粒芥末醬。

**不需要烤箱的
輕鬆烤牛肉。
只要平底鍋就夠了！**

a

恢復室溫的肉抹鹽搓揉
後香煎。遵循步驟進行，
就會有軟嫩的口感。

b

牛肉表面煎到焦香時，
也會沾附紅蘿蔔、洋蔥的
風味。

平底鍋烤牛肉

輕鬆製作最受歡迎的
宴客菜——烤牛肉。
即使只用鹽調味，
沾附紅蘿蔔與洋蔥香味的牛肉，
滋味依然正統到驚人。

鹽炒

只要一把平底鍋就能輕鬆完成的
快速鹽炒料理，
在忙碌的日子是可靠的助力。
調味料只有鹽，因此色彩鮮豔也是優點。
趁著熱騰騰的時候大快朵頤吧！

豬肉番茄炒蛋

經典的中華風拌炒料理。大家往往會以為需要很多調味料，
但只有鹽也能完成正統又理想的調味。
也很推薦蓋在白飯上享受丼飯風格的美味。

材料　2人份

豬肉片－200g
番茄－1顆
蛋液－2顆份
鹽－1/2小匙
沙拉油－適量

1　番茄切塊。豬肉如果太大片就切成容易入口的大小。

2　平底鍋裡倒入2小匙沙拉油以大火加熱，將蛋液畫大圓攪拌，接著移到調理缽裡（a）。

3　平底鍋裡再加1小匙油，以中火將豬肉炒到變色，加入番茄，撒鹽後快速拌炒（b）。將2的蛋倒回鍋裡，拌炒均勻。

蛋不要過度攪拌。
滑嫩的蛋放在最上方，
擺盤看起來會更美觀。

a

畫大圓攪拌，加熱到半熟狀態。為了避免炒太熟而先取出。

b

豬肉、番茄拌炒在一起後加鹽，調味完成後再把蛋倒回去。

a

將蘆筍炒熟，沾附奶油的風味。

b

加入蝦仁之後請快速完成，以免蝦仁過熟。

青檸奶油蘆筍炒鮮蝦

彈脆的鮮蝦與爽口的蘆筍。
這2種食材的口感絕妙。請注意不要炒得過熟。
使用冷凍蝦也沒問題。建議參考112頁以鹽水解凍。

彈脆的口感是關鍵！
為了避免損及口感，
請注意火候控制。

材料　2人份

蝦仁－10～12隻（80g）
綠蘆筍－6根
檸檬汁－2大匙
奶油－20g
A　酒－2大匙
　　鹽－2小撮

1　綠蘆筍從根部切掉1cm，使用削皮刀將根部到1/3處薄薄削去一層皮，切成3等分。將蝦仁與檸檬汁拌勻。

2　在平底鍋裡加入奶油以中火加熱，放入蘆筍後炒約30秒（a）。加入1的蝦仁以及調勻的A，再將整體輕輕拌炒（b）。

蒜炒鹽味青江菜

大蒜的風味搭配蝦米的鮮味，
芡汁稠度恰到好處！也可以換成其他喜歡的青菜。

■材料　2人份
青江菜－3株
太白粉－2小匙
大蒜（切薄片）－1/2瓣
蝦米－1小匙
鹽－1/2小匙
麻油－2小匙

1　切掉青江菜的根部並剝散，再切成4cm的長度，將葉子與梗分開。太白粉與1大匙的水拌勻（調成太白粉水）。

2　平底鍋裡加入麻油、大蒜、蝦米、鹽，並以小火加熱。等到散發香味之後，將青江菜梗加入拌炒，炒軟後再加入葉子。再度將1的太白粉水仔細拌勻，繞圈倒入後快速拌炒，為青江菜勾上薄芡。

鹽味蓮藕炒培根

享受蓮藕清脆的口感，既能作為配菜也能下酒。培根的鮮味沾附整體，為食慾帶來刺激。

材料　2人份

蓮藕—150g
培根（塊）—60g
酒—1大匙
鹽—1/2小匙
沙拉油—1小匙

1　蓮藕切成一口大小的滾刀塊。培根切成厚1cm的長條狀。

2　在平底鍋裡倒入沙拉油以中火加熱，加入蓮藕翻炒，再加入培根快速拌炒，等培根炒到微焦後加入酒。煎炒約1分鐘上色，等食材炒熟後再撒鹽。

鹽味青檸酪梨炒牛肉

充滿鮮味的牛肉、
滋味溫和的酪梨，
只要使用檸檬與鹽簡單調味就已足夠。
平衡絕妙的滋味，
無論搭配白飯、麵包
還是義大利麵都很適合。

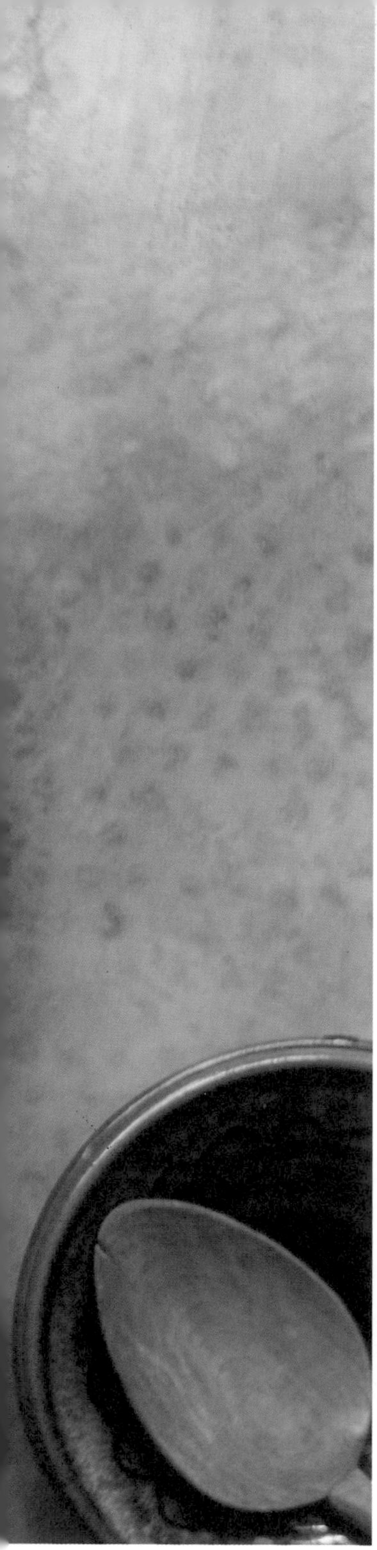

材料　2人份

牛肉片－250g
酪梨－1顆
檸檬汁－2大匙
鹽－1/2小匙
奶油－20g
檸檬皮－少許

1　酪梨去籽去皮，垂直切半，接著切成薄片並與檸檬汁拌勻。牛肉如果太大片，請切成容易入口的大小，並撒鹽搓揉。

2　平底鍋裡放入奶油以中火加熱，加入牛肉翻炒。等到開始變色再加入酪梨拌炒（a）。裝盤前刨入檸檬皮，稍微拌炒均勻（b）。

a

加入酪梨之後，請避免炒太久。

b

加入剛刨下來的檸檬皮後，香氣更上一層樓。

廣受男女老幼喜愛的
超人氣菜色！
酪梨只要稍微炒一下就可以了。

鹽拌

雖然費時費工的涼拌醬汁不錯，
但簡單的鹽拌料理一年四季也吃不膩。
蔬菜很容易突顯鹽味，
因此第一次做的時候，
不要忘記仔細計量與試味道。

鹽拌番茄

鹽拌豆苗

鹽拌番茄

只需要用鹽與橄欖油拌一拌！
雖然這道料理非常簡單，
卻能夠突顯甜味更強、滋味更濃的
中型番茄美味。

材料　2人份

中型番茄－3～4個
鹽－1/2小匙
橄欖油－1大匙

1　去除番茄的蒂頭，縱切成4等分。將鹽撒進調理缽裡拌勻，靜置5分鐘（a）。

2　將水瀝乾淨，加入橄欖油拌勻。

a

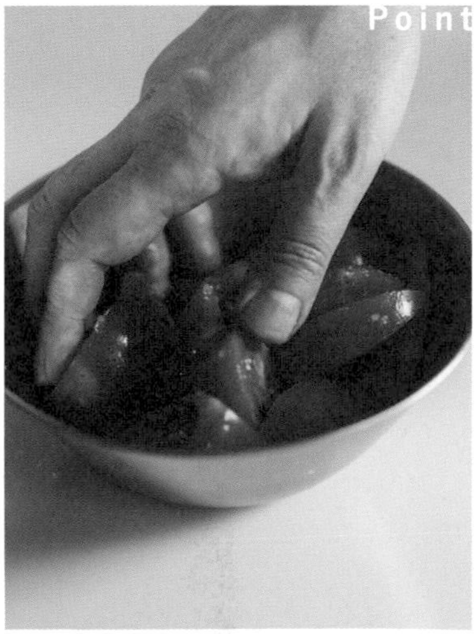

整體撒鹽拌勻之後先靜置，去除多餘的水分。

鹽拌豆苗

豆苗紮實的口感與豆香氣最受歡迎，
很適合搭配鹽味。
只要加入芳香的麻油涼拌，
就能成為一道適合配飯
也適合下酒的料理。

材料　2人份

豆苗*－1/2包（150g）
鹽－2小撮
麻油－1大匙

＊因為會生吃，請不要使用再生栽培的豆苗。

1　切除豆苗根部，將長度切成3等分。放進調理缽裡加鹽稍微拌一下。

2　去除水分，加入麻油拌勻。

Column

只要使用鹽與橄欖油涼拌，就能完成一道料理

鹽拌是活躍的料理配角。改變油的種類，就能讓成品有無限變化。還可以隨著喜好加入一點果乾或蜂蜜，讓口感更豐富。吃不完的時候，也可以在燉菜或義大利麵料理完成後加入作為點綴。

薑泥鹽味蘿蔔絲乾

總是用來製成日式滷菜的蘿蔔絲乾，
現在升級成美味的涼拌菜。
薑泥的風味穿透鼻腔，
爽脆的口感吃來痛快。

材料　2人份
蘿蔔絲乾（乾）－20g
鹽－1/2小匙
薑泥－1/3片
橄欖油－1大匙

1　將蘿蔔絲乾快速洗過，在大量水裡稍微浸泡，而後倒進篩網放置5分鐘，將水氣擠乾，切成容易入口的長度。

2　放進調理缽裡，加入鹽與醬油混和，再倒入橄欖油拌勻。

酸甜風味
涼拌蕪菁葡萄乾

雖然是「酸甜」口味，卻不使用砂糖，而是活用葡萄乾自然的甜味。甜味、酸味與鹽味達成恰到好處的平衡，讓人一口接著一口吃不停。

材料　2人份

蕪菁－2顆
鹽－1/2小匙
葡萄乾－1/2大匙
醋－1大匙

1　將蕪菁的葉子切掉，切成1cm厚的菱形。放進調理缽裡加鹽搓揉，輕輕擠乾水分。

2　加入葡萄乾與醋拌勻。請攪拌到葡萄乾膨脹為止。

拌勻就完成的簡單醬料

這裡介紹2種醬料
作為鹽拌的變化。
剛完成的新鮮滋味固然不錯，
但蔬菜的鮮味會隨著時間經過融合在一起，
轉變成為甘醇的風味。

蔥鹽醬

冰箱裡有這罐就安心。
各種料理都能使用的
蔥鹽醬，
也是「鹽拌」的好夥伴。
只要將材料切碎拌勻即可。
沒有多餘添加物的
自家製醬料，安全又安心。

材料　方便製作的份量

蔥（蔥白的部分）－10cm
大蒜・薑－各1/2片
A
- 檸檬汁・麻油－各2大匙
- 鹽－1小匙

將蔥、大蒜、薑切碎，與A混和。

＊裝進乾淨的容器裡，可在冷藏室保存5天。

除了可以淋在牛五花之類的燒肉上，也可以用在蒸雞肉、煎油豆腐、炒飯等料理。

莎莎醬

大量番茄的
新鮮美味
是莎莎醬的魅力。
也可以根據喜好加入適量的
辣椒粉或黑胡椒
等辣味辛香料。

材料　方便製作的份量

番茄－2顆
洋蔥－1/2顆
鹽－適量
橄欖油－2大匙

1　將洋蔥切碎，加入2小撮鹽搓揉，靜置1分鐘左右，將水氣擠乾。番茄切除蒂頭後切丁，加入1/2小匙的鹽拌勻。

2　將洋蔥與番茄混合，再加入橄欖油拌勻。

＊裝進乾淨的容器裡，可在冷藏室保存3天。

莎莎醬可當成香煎雞肉（參考P.16）等肉類料理的淋醬，也可當成沙拉醬使用。

鹽煮南瓜

鹽煮洋蔥

鹽煮

鹽煮蘋果

無論是當副菜剛剛好的小份量燉煮料理，
還是暖身又暖心的燉煮主菜，
澄澈的湯汁都清爽又美味，
不只冬天，一年四季都讓人眷戀。

清爽鹽煮豆

鹽煮南瓜

品嘗南瓜本身自然甜味的燉煮料理。色彩也很鮮豔。

材料　2人份

南瓜－1/4個

A
- 水－ 3/4 杯
- 酒－ 2 大匙
- 鹽－ 1/2 小匙

沙拉油－1/2小匙

1　南瓜去籽，隨意削掉一點皮，切成一口大小。

2　在較小的平底鍋裡倒入沙拉油以中火加熱，將南瓜稍微煎一下。加入A煮滾後轉小火，蓋上鍋蓋煮約5分鐘。

鹽煮洋蔥

可以直接吃，也能搭配肉類料理品嘗。

材料　2人份

洋蔥－1顆

鹽－1/2小匙

橄欖油－2小匙

1　將洋蔥輪切成1.5cm厚。

2　在較小的平底鍋裡倒入橄欖油以中火加熱，放入洋蔥，將兩面煎到焦香。

3　加入1/2杯水、鹽，蓋上鍋蓋煮2分鐘。接著打開鍋蓋，加入3/4杯水，轉小火煮3分鐘。

清爽鹽煮豆

不需要高湯的簡便副菜！無論當成小菜還是便當菜都很適合。

材料　2人份

大豆（乾燥包裝）－100g

紅蘿蔔－1/4根

香菇－2片

鹽－1/2小匙

沙拉油－1小匙

1　將紅蘿蔔、香菇切成1cm的丁狀。

2　在較小的平底鍋裡倒入沙拉油以中火加熱，將大豆與1炒過。加入1/2杯水、鹽，煮約3分鐘。

鹽煮蘋果

可以搭配香煎豬肉，也可以當成優格或香草冰淇淋的配料。

材料　2人份

蘋果－1顆

鹽－2小撮

米油（或沙拉油）－2小匙

1　將蘋果洗乾淨，帶皮縱切成8等分的楔形，將芯去掉。

2　在較小的平底鍋裡倒入米油以中火加熱，加入蘋果拌炒。炒軟後先取出來。

3　在2的平底鍋裡加入3/4杯水與鹽，煮滾後轉中火，加入2煮約3分鐘。

蘿蔔燉翅腿

湯汁煮出帶骨肉特有的濃厚鮮味，滋味絕佳！吸飽湯汁的蘿蔔，也有著入口即化的美味。

材料　2人份

雞翅腿－6根
蘿蔔－6cm
蔥－1根
薑－1片
酒－3大匙
鹽－1大匙
沙拉油－1大匙

1　蘿蔔切成2cm厚的半月形，削去稜角。將蔥綠的部分切下，蔥白部分斜切成薄片，薑也切成薄片。

2　在鍋子裡倒入沙拉油以中火加熱，炒蔥白的部分。等到飄出香味後，先將蔥白取出。

3　在同一個鍋子裡放入翅腿、1又1/4杯水、薑、酒、蔥綠，以較大的中火煮滾。煮滾後放入蘿蔔、3/4杯水、鹽再度煮滾。接著轉成較弱的中火，加入2的蔥白，蓋上鍋蓋燉煮15分鐘。

奶燉鱈魚白花椰

使用當季鮮魚與蔬菜製作的溫暖冬季大餐。鱈魚先撒鹽煎過，就能去除腥味。

材料　2人份

生鱈魚（切片）－2片
白花椰菜－1/4顆（120g）
洋蔥－1/2顆
奶油－15g
麵粉－1大匙多（10g）
牛奶－1又1/2杯
白酒－2大匙
鹽－適量
橄欖油－2小匙

1　用廚房紙巾擦掉鱈魚的水氣，一面撒1小撮鹽。白花椰菜分切成小朵，洋蔥切成厚2cm的楔形。

2　在鍋子裡倒入橄欖油以大火加熱，將鱈魚的兩面稍微煎過。將鱈魚取出，先切成3等分。

3　在鍋子裡放入奶油，以小火融化。將麵粉過篩倒入，以木鏟攪拌，直到粉狀消失為止，注意避免燒焦。加入3大匙牛奶攪拌稀釋，接著將剩下的牛奶分5次倒入，每次都充分攪拌。等到牛奶全部加入後，以中火煮到稍微有點稠度。

4　加入洋蔥、白花椰菜、白酒，以較弱的中火煮2分鐘。加入2的鱈魚轉小火，再煮2分鐘。最後加上將近1/2小匙的鹽調味。

■材料　2人份

A
- 雞絞肉（腿肉）－250g
- 蔥（切成蔥末）－10cm份
- 蛋液－1顆份
- 鹽－1/2小匙

蘿蔔　6cm

昆布（5cm方形）－1片

水煮蛋（垂直切半）－2顆份

竹輪（切成一半長度）－2條份

魚肉丸（市售）－4個

鱈寶（切半）－1片份

B
- 酒－2大匙
- 鹽－1小匙

1　將蘿蔔輪切成1.5cm厚，削去稜角後放入鍋內並加入大量的水，開火加熱。等到沸騰之後轉中火，煮10分鐘。在調理缽裡放入A，仔細攪拌混合。

2　在陶鍋裡加入5杯水，放入昆布，以中火加熱。沸騰後取出昆布，將1的雞肉丸子捏成稍大的一口圓球狀放入。煮約2分鐘後暫時取出。

3　將B加入保留2的湯汁的陶鍋，將蘿蔔煮15分鐘。接著放入水煮蛋、竹輪、魚肉丸、鱈寶等喜歡的關東煮食材與2的雞肉丸子，轉小火煮約10分鐘，煮到入味。

雖然意外地
一般不把關東煮當成配菜，
但如果是角田家風格就很下飯。

a

從雞肉丸子開始煮，鮮味就能均勻分布在湯汁裡，變成美味的高湯。

b

魚漿製品的鹽分等會改變口味，因此加鹽調味之前要先試鹹淡。

鹽味關東煮

不加醬油也不加糖的鹽味關東煮。美味的關鍵是雞肉丸子。煮丸子的湯汁媲美高湯，因此即使不使用日式高湯或雞骨湯，湯汁依然充滿鮮味。

鹽蒸

使用蒸籠或微波爐清蒸，
或是以蓋上鍋蓋的平底鍋蒸煮。
靠著蒸氣的力量讓食物一口氣熟透的鹽蒸，
就連冒出的蒸氣都讓人垂涎！

正統燒賣

熱騰騰的燒賣是值得費工夫的菜色，
充滿了干貝與乾香菇的鮮甜！
不沾任何醬料就已經足夠美味。

a

將所有的材料放進調理缽裡，攪拌到出現黏性。充分攪拌就能打出彈性，口感也會更好。

b

將拇指與食指圈成環狀，如同包覆外皮一樣捏出形狀。肉餡的頂部與燒賣的底部如果能夠捏得平整，蒸起來就會很漂亮。

材料　方便製作的份量

A
- 豬絞肉－200g
- 培根（切薄片／切末）－20g
- 蔥－10cm
- 干貝（乾燥）*－15g
- 泡發干貝的水－2大匙
- 乾香菇**－2朵
- 太白粉－2大匙
- 麻油－1大匙
- 薑（磨泥）‧鹽－各1小匙

燒賣皮－1包（30張）

*以1又1/4杯水泡發半天。

**以1又1/4杯水泡發30分鐘。

1 將蔥切成末。干貝剝成容易食用的大小。乾香菇切成末。

2 在調理缽裡放入A，充分攪拌至整體均勻並出現黏性。

3 將1大匙2的肉餡放在燒賣皮上，用外皮將肉餡包覆住，排在鋪著烘焙紙的蒸籠或蒸鍋上。

4 將3放在冒出蒸氣的鍋子上，以中火蒸約10分鐘。

也可以使用蝦仁、白肉魚或蟹肉棒代替干貝。

鹽味蒸煮鮭魚綠花椰

粉紅色的鮭魚與綠色的花椰菜形成美麗的對比！這道簡單就能完成的配菜，為秋冬的餐桌點綴華麗的色彩。

材料　2人份

生鮭魚（切片）－2片
綠花椰菜－1/2棵
鹽－適量

1　鮭魚用廚房紙巾擦去水分，一面撒1小撮鹽。綠花椰菜分成小朵。

2　鍋子裡加入1又1/4杯水煮沸，加入略少於1小匙的鹽，將綠花椰菜與鮭魚放入，蓋上鍋蓋以小火蒸煮約5分鐘，關火降溫使其入味。

鹽味奶油馬鈴薯燉肉

使用絞肉製成的馬鈴薯燉肉，滋味與平常略有不同，
加上奶油的醇厚，
稍微帶點西式料理的風格。

材料　2人份

豬絞肉－200g
洋蔥－1顆
馬鈴薯－1顆
鹽－適量
橄欖油－2小匙
奶油－1大匙

1　洋蔥切成2cm寬楔形。馬鈴薯切成一口大小。

2　鍋子裡倒入橄欖油以中火加熱，加入絞肉，撒2小撮鹽翻炒，炒到肉變色後先取出。

3　在2的鍋子裡放入奶油，以較弱的中火加熱，翻炒洋蔥。加入1/2小匙鹽、馬鈴薯與3/4杯的水，以中火煮3分鐘。將2的絞肉倒回。

4　加入1/2杯水煮滾，蓋上鍋蓋再蒸煮約3分鐘。

食材單純的濃湯

3道在調理過程中
蒸煮食材的濃湯。
食材的風味
透過蒸煮而濃縮，
雖然簡單，
卻有著深厚的滋味。

薑汁洋蔥濃湯

大豆濃湯

紅蘿蔔核桃濃湯

薑汁洋蔥濃湯

薑汁帶來
明顯的刺激風味，
是大人口味的湯品。

材料　2人份

洋蔥－1顆
薑－1/2片
鹽－1小匙
豆漿（純豆漿）－1杯
橄欖油－2小匙

1 洋蔥切碎，薑切末。

2 在鑄鐵鍋裡倒入橄欖油以小火加熱，將洋蔥、薑末加入快速拌炒。加入1/2杯水、鹽，蓋上鍋蓋蒸煮約5分鐘。

3 再加入1/2杯水後蓋上鍋蓋，以中火煮3分鐘。稍微冷卻後用倒進調理機內攪拌至滑順。倒回鍋子裡，加入豆漿後加熱。裝進容器裡並淋上適量橄欖油（份量外）。

紅蘿蔔核桃濃湯

蒸煮紅蘿蔔的
溫和甜味，
在口中擴散開來。

材料　2人份

紅蘿蔔－小的2根
洋蔥－1/4顆
核桃（無鹽／經過烘焙）－15g
鹽－1小匙
牛奶－1杯
橄欖油－2小匙

1 將紅蘿蔔切成滾刀塊，洋蔥切碎，核桃切碎。

2 在鑄鐵鍋裡倒入橄欖油以中火加熱翻炒洋蔥，等到飄出香味後，加入紅蘿蔔快速拌炒。加入1/2杯水、鹽，蓋上鍋蓋蒸煮5分鐘（a）。再加入1/2杯水，煮滾後關火，稍微冷卻。

3 以調理機攪拌至滑順，倒回鍋子裡。加入牛奶並以較弱的中火加熱，接著裝進容器裡並撒上核桃。

a

將蒸煮過的紅蘿蔔以調理機攪拌成濃湯。其他兩道湯品也同樣透過蒸煮方式鎖住食材的鮮味。

大豆濃湯

大豆的香氣是魅力。
稍微保留顆粒感
也很美味。

材料　2人份

大豆（乾燥包裝）－100g
洋蔥－1顆
薑－1/2片
鹽－1小匙
橄欖油－2小匙

1 洋蔥切碎，薑切末。

2 在鑄鐵鍋裡倒入2小匙橄欖油以中火加熱，炒薑末。等到飄出香味後，再倒入洋蔥快速拌炒，加入鹽、1/2杯水並蓋上鍋蓋，以中火蒸煮約5分鐘。

3 加入1又1/2杯水、大豆，煮約3分鐘。稍微冷卻後以調理機攪拌至滑順。

微波黑豆糯米飯

口感Q彈、光澤飽滿的糯米飯
就算放涼也好吃，最適合帶便當。
如果用微波爐蒸煮米飯，隨時都能輕鬆製作。
加入大量鬆軟、甜味溫和的黑豆，帶來療癒的滋味。

a

放到幾乎冷卻，將糯米飯悶至柔軟即完成！

如果沒有乾燥包裝的黑豆，水煮黑豆也OK（將水瀝乾）。也可以根據喜好換成大紅豆。

材料　2人份

米－1又1/3杯（240mℓ）
糯米－2/3杯（120mℓ）
黑豆（乾燥包裝）－65g
酒－2大匙
鹽－1/2小匙

1　將米與糯米清洗乾淨，浸泡1小時以上，放進篩網將水瀝乾。

2　在耐熱調理缽裡加入1、酒、鹽、370ml的水。包上保鮮膜，用微波爐（600W）加熱10分鐘，先取出並充分拌勻。

3　再放回微波爐加熱10分鐘，加入黑豆拌勻，包上保鮮膜靜置5分鐘悶熟（a）。

如果用電鍋蒸，水量和平常一樣即可。

降低購物頻率的
鹽味保存術

第1章的重點擺在作為「關鍵調味料」的鹽，到了第2章及第3章，鹽的「保存性」就成為一大主題。這些我都稱為「鹽味保存術」，應用在每天的生活中。

大量購買食材，降低購物的頻率

食材用鹽醃過之後能夠大幅提升保存性，譬如最具代表的「漬物」。活用鹽的這項能力，就能延長買來的食材的壽命。舉例來說，將1包5根的特價茄子加鹽搓揉，就是保存的訣竅（參考66頁）。這麼一來就能將原本需要每天採買的食材，減少到每週採買1~2次。只要活用「鹽味保存術」，丟棄的食材也會大幅減少

只要有常備食材，忙碌的日子也安心

「鹽味保存術」能夠減少浪費，而事先做好也能讓心情更輕鬆。舉例來說，在「因為突然加班而晚回家，也沒有時間去超市」的時候，如果有鹽漬豬肉（參考72頁），就立刻製成豪華的汆燙豬肉或是爐烤豬肉。只要在有時間的週末一次準備起來，就能成為打起精神克服忙碌日子的珍貴儲糧。

滋味鮮明 簡單但不馬虎

鹽味保存術的優點不只在於保存性。透過鹽揉、鹽漬、鹽煮等「事先用鹽調理」的方式，確實地預先調味是重點。與其在調理過程或最後才加入調味料，不如先讓食材本身帶有鹽味，這麼一來也能減少鹽的使用量。換句話說，與其讓食材沾附味道，不如吸收味道。而鹽味保存術就能做到這點。

鹽揉、鹽漬、鹽煮等，每種食材都有最佳的鹽味保存方法。

購買食材後，盡可能在不損及鮮度的情況下展開鹽味保存術。

只要冰箱裡有鹽味保存的食材，就能帶來「今晚也沒問題」的安心感。

綠花椰或白花椰買來後，就分成小朵，用鹽水汆燙，裝入保存容器裡再冰進冷藏室，這已經是我家長久以來的習慣。

話說回來，我為了生活在靠近農產地的地方，搬到東京近郊居住。隨著聽眾多農家熱情談論蔬菜的機會增加，對於「必須美味品嘗蔬菜」的使命感也更加強烈。不過，家庭的食量與冰箱的容量當然有其極限，不太可能買來就立刻全部吃掉。

於是我開始思考「那就找出盡可能保持鮮度的方法」，而最後想到的就是鹽味保存術。如果能夠幫助大家盡可能地保存所有食材的美味，那就太好了。

角田家的
鹽味保存常備食材

第2章介紹鹽揉、鹽漬。第3章介紹鹽水汆燙蔬菜、鹽水醃漬等。食材買來之後立刻以「鹽味保存術」處理，裝進保存容器再冰進冷藏室。選擇玻璃保存容器就能看見裡面，也不會忘記使用。

高麗菜沙拉＆鹽漬白菜 2章 P.68～71、P.80～83

白菜也能成為基本食材

鹽揉之後常備起來的高麗菜

春天的高麗菜用鹽揉過之後做成沙拉，成為每天的早餐菜色。冬天的白菜則在曬乾之後用鹽醃過使其發酵，做成醃漬白菜。兩者都是角田家的餐桌不可缺少的常備料理。接下來將介紹把盛產時大量買進的當季食材全部吃光光的訣竅。

鹽揉&鹽漬　2章　P.56～79

鹽漬

有豪華感的鹽漬豬肉

鹽揉

鹽漬

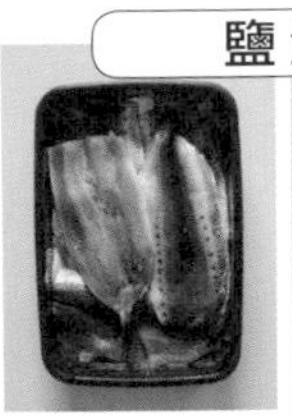

可以直接品嘗，也可以再進行調理。只要有第2章介紹的鹽揉&鹽漬，餐桌的色彩絕對會變得更豐富。三兩下就能完成搭配的副菜充滿魅力。

鹽水汆燙&鹽水醃漬　3章　P.88～111

鹽水汆燙與鹽水醃漬等，與直接將鹽撒在食材上是截然不同的方法。第3章將介紹靠著溶解食鹽的水，提升食材的美味度與保存性的方法。這方法讓食材不僅色彩鮮艷，也有著令人感動的濕潤美味。

鹽水汆燙

綠花椰與白花椰

小松菜等青菜

鴻喜菇等菇類

豆芽菜

鹽水醃漬

蛋

鮪魚或海瓜子

雞肉或豬肉

讓食材恢復爽脆感的是「鹽水汆燙」。讓鹽味均勻分布於食材上的則是「鹽水醃漬」。兩者都是只使用鹽與水的調理方法，但深奧的滋味令人驚訝。正因為簡單，所以才吃不膩，可說是經典的常備料理。

2章

鹽揉＆鹽漬食譜

鹽的用途還有很多。本章就以「鹽揉」與「鹽漬」為主題介紹。去除蔬菜水分的「鹽揉」，以及提高肉類與海鮮保存性的「鹽漬」，都是自古以來就開始實踐、活用鹽的特性的調理法。除此之外，也會以「鹽揉」與「鹽漬」為基礎，介紹各式各樣的變化。透過反覆的操作，想必能讓料理能力更上一層樓。

光是保存在冰箱裡就令人心情雀躍的食材陣容。掌握訣竅之後，使用當季蔬菜或特價肉類增添變化也很有樂趣。

P.60～71

鹽揉

這是一種將鹽均勻撒在食材上，用手輕輕揉出水分，讓食材變軟的調理法。去除水分之後，食材也更入味。鹽的份量差不多是蔬菜重量的2%。

◎鹽的參考份量

蔬菜重量：2%的鹽

魚．肉重量：2%的鹽

P.72～79

鹽漬

將鹽均勻搓揉進食材表面的處理方法。可以減少容易腐敗的海鮮及肉類等附著的雜菌，幫助長期保存，因此自古以來就一直被活用。食材也會因為鹽漬而熟成，突顯鮮味。

◎鹽的參考份量

蔬菜重量：0.5～1%的鹽

魚．肉重量：3%的鹽

將食材處理後再存放雖然不是必須，但打開冰箱看到就會很安心。「鹽揉」與「鹽漬」就像給食材多一道保護。

蘿蔔之類的大型蔬菜，或是一包裡有好幾條的小黃瓜等，放進冰箱裡往往很佔空間。買來之後，不妨在當天將其中一半用鹽揉處理，裝進琺瑯容器裡儲存起來。

但鹽揉終究還是必須以能夠用完的份量為前提來製作。因為如果只是準備好鹽揉保存的食材就滿足，最後沒有使用，那就得不償失了。在輕鬆的範圍內嘗試，一定能夠感受到鹽揉保存帶來的好處。經過鹽揉處理的食材不僅保存性佳，也因為去除水分使得味道更鮮明，而且已經含有鹽份，調味起來也很輕鬆。還缺一道醋拌菜或涼拌菜的時候，迅速就能完成，總而言之很方便。

鹽漬食材也一樣，能夠常備冰箱裡就讓人安心。舉例來說，火腿、培根、香腸原本就發源自保存食品，因此在「無法出門購物」的時候，就不用說它們的存在有多麼可靠了！雖然自家製的鹽漬食材，保存性不像市售產品那麼好，但在晚回家的時候，晚餐也不會讓人覺得太寒酸。

此外，鹽漬海鮮或肉塊，有著與新鮮時截然不同的美味。或許因為去除了腥味，也濃縮了鮮味吧？所以也容易變化出各種菜色，使菜單的種類也更加豐富。

至於在鹽漬最後所介紹的酪梨，雖然不具有保存性，卻是應用鹽漬概念的變化料理。不妨比較看看與平常新鮮的酪梨吃起來有什麼不一樣，並且試著活用吧！

鹽揉【1】

鹽揉蘿蔔

蘿蔔去除了恰到好處的水分，能夠享受清脆爽口的口感。既能像漬物一樣直接吃，也能做成沙拉或涼拌菜，應用方式自由自在。

材料　方便製作的份量

蘿蔔－10cm（約300g）
鹽－1又1/3小匙（6g）

1　蘿蔔切成長5cm、截面8mm四方的長條狀。

2　放進調理缽裡，加鹽仔細拌勻，放置10分鐘左右，將水擠乾。

裝進乾淨的保存容器，可在冷藏室保存4天

鹽揉蘿蔔的應用

肉桂風味糖醋蘿蔔柿餅

柿餅的水果風味與肉桂的甜香是重點。

材料　2人份

鹽揉蘿蔔（參考右頁）－總量的1/2（100g）
柿餅－1/2個
醋－1大匙
蔗糖－1小匙
肉桂粉－適量

1　柿餅去除蒂頭與種子後切絲。
2　在調理缽裡將鹽揉蘿蔔、柿餅、醋、蔗糖混合，撒上肉桂粉。

紅紫蘇風味雞絲蘿蔔

使用經典口味的香鬆，完成一道滋味清爽的涼拌菜。

材料　2人份

鹽揉蘿蔔（參考右頁）－總量的1/2（100g）
雞里肌－100g
鹽－1小匙
紅紫蘇香鬆・麻油－各1小匙

1　在雞里肌上抹鹽。煮沸大量的水，將雞里肌放入，接著立刻蓋上鍋蓋並關火，靜置10分鐘。稍微冷卻後用手撕成雞絲。
2　在調理缽裡放入雞里肌、鹽揉蘿蔔、撒上紅紫蘇香鬆並倒入麻油後拌勻。

鹽揉【2】

鹽揉紅蘿蔔

紅蘿蔔經過鹽揉，
橙色變得更加美麗鮮豔，
甜味也更加明顯。
可以做成沙拉、醃菜、
韓式煎餅或煎蛋等等，
變化起來自由自在。

材料　方便製作的份量

紅蘿蔔ー1根（淨重150g）
鹽ー1/2小匙（3g）

1　紅蘿蔔切成5cm長的紅蘿蔔絲。

2　在調理缽裡加鹽仔細搓揉，靜置5分鐘左右，接著將水擰乾。

裝進乾淨的保存容器，可在冷藏室保存4天

鹽揉紅蘿蔔的應用

柳橙紅蘿蔔沙拉

酸甜的柳橙與紅蘿蔔的風味非常搭配。

材料　2人份

鹽揉紅蘿蔔（參考右頁）－總量（100g）
柳橙－1/4個
柳橙汁－2大匙
A　橄欖油－1大匙
　　白酒醋－1/2大匙
黑胡椒（粗粒）－少許

1　柳橙連內皮一起剝掉，從內皮與果肉之間下刀取出果肉。如果太大就剝成一口大小。
2　在調理缽裡放入鹽揉紅蘿蔔、柳橙、A，充分混合後裝盤，撒上黑胡椒。

西班牙風歐姆蛋

不包起來的歐姆蛋，能夠享受加入大量紅蘿蔔的口感。

材料　2人份

鹽揉紅蘿蔔（參考右頁）－總量的一半（50g）
馬鈴薯－1顆
蛋－4顆
鹽－1/2小匙
胡椒－少許
起司粉－1大匙
橄欖油－1大匙

1　將馬鈴薯切成5cm厚片，放進耐熱缽裡，稍微蓋上保鮮膜，以微波爐（600W）加熱2～3分鐘後稍微放涼。
2　蛋打入調理缽裡，加入鹽、胡椒、起司粉、鹽揉紅蘿蔔、1並充分混合。
3　在平底鍋裡倒入橄欖油以中火加熱，將2一口氣倒入並畫大圓攪拌。邊緣開始凝固後轉小火煎約5分鐘，直到底面微焦。

鹽揉【3】

鹽揉小黃瓜

用鹽揉過的小黃瓜
能夠將澀味連著水分
一起去除，
因此容易製成各種料理。
除了加醋涼拌與
製成馬鈴薯沙拉外，
也能用來拌炒。

材料　方便製作的份量
小黃瓜−2條（350g）
鹽−適量

1　將小黃瓜的兩端切掉，排在砧板上並撒上適量的鹽。邊壓邊轉動（在砧板上滾動摩擦），切成薄片。

2　放進調理缽裡，加入1又1/2小匙的鹽仔細搓揉，靜置5分鐘後擠乾水分。

裝進乾淨的保存容器，可在冷藏室保存3天

鹽揉小黃瓜的應用

芝麻醋拌竹筴魚小黃瓜

加入大量清香芝麻的酸甜料理清爽又美味！

材料　2人份

鹽揉小黃瓜（參考右頁）－總量的1/4（80g）
竹筴魚（生魚片用／已經片好的）－2尾份
A 醋．醬油－各1又1/2大匙
　蔗糖－2小匙
　白芝麻－1/2小匙

1 竹筴魚去除細刺，切成一口大小。
2 將A在調理缽裡混合，加入竹筴魚、鹽揉小黃瓜後再充分混合。

榨菜小黃瓜

三兩下就能完成，是忙碌時的救星。讓人忍不住伸出筷子，一口接一口。

材料　2人份

鹽揉小黃瓜（參考右頁）－總量的1/3（100g）
榨菜（已調味）－30g
薑（磨泥）－1/2片份
麻油－1小匙

在調理缽裡放入鹽揉小黃瓜與榨菜，接著加入薑泥、麻油並充分混合。

鹽揉【4】

鹽揉茄子

用鹽揉過的茄子，
愈嚼愈是美味。
可以拌入青紫蘇與白芝麻，
蓋在白飯或麵線上，
也可以做成涼拌菜與義大利麵。

材料　方便製作的份量
茄子－2條（淨重300g）
鹽－1又1/2小匙（7g）

1　茄子去除蒂頭後垂直切半，斜切成5mm的薄片。
2　加鹽仔細搓揉。

裝進乾淨的保存容器，可在冷藏室保存3天

鹽揉茄子的應用

茄子起司開面三明治

略為時髦的一道小菜。茄子與起司有著入口即化的口感。

材料　2人份

鹽揉茄子（參考右頁）－總量的1/6（40g）
長棍麵包（切成1cm厚／或者任何喜歡的佐餐麵包）－4片
莫札瑞拉起司－60g
奶油－10g
橄欖油－適量
黑胡椒（粗粒）－少許

1　麵包用烤箱烤到焦脆，均勻塗上奶油。莫札瑞拉起司用手撕成容易入口的大小。

2　均勻地將鹽揉茄子、莫札瑞拉起司擺在1的麵包上。淋上橄欖油並撒上黑胡椒。

香茄嫩雞拌青紫蘇

這道充滿青紫蘇清香的涼拌小菜，最適合在小酌時登場。

材料　2人份

鹽揉茄子（參考右頁）－總量的1/3（80g）
雞腿肉－1/3片（100g）
A　酒－2大匙
　　鹽－1小匙
青紫蘇－2片
麻油－1小匙

1　在鍋子裡煮沸大量熱水後加入A，等到再度沸騰後放入雞肉煮10分鐘。將雞肉稍微放涼，切成容易入口的大小。青紫蘇切絲。

2　在調理缽裡放入鹽揉茄子、1、麻油並拌勻。

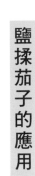

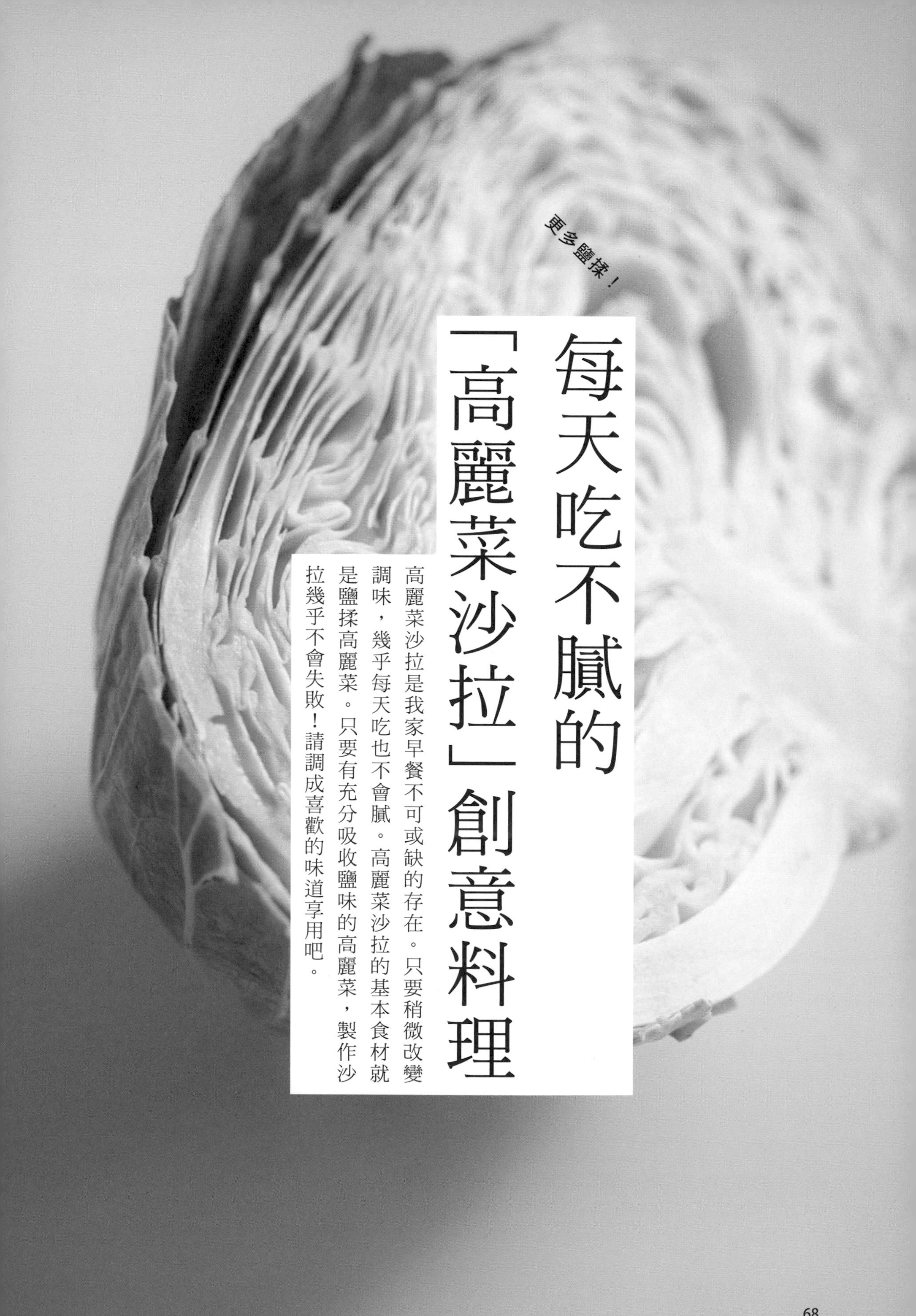

更多鹽揉！

每天吃不膩的「高麗菜沙拉」創意料理

高麗菜沙拉是我家早餐不可或缺的存在。只要稍微改變調味，幾乎每天吃也不會膩。高麗菜沙拉的基本食材就是鹽揉高麗菜。只要有充分吸收鹽味的高麗菜，製作沙拉幾乎不會失敗！請調成喜歡的味道享用吧。

做成
高麗菜沙拉

鹽揉【5】

鹽揉高麗菜

鹽揉高麗菜不僅是沙拉的基本食材，也可以用在快炒與涼拌。請記得鹽量是高麗菜總量的2%。

材料　方便製作的份量

高麗菜－1/2顆（800g）
鹽－16g

1　將高麗菜切絲，放進調理缽裡，整體撒上鹽，用手確實搓揉。靜置10分鐘後，將水擠乾。

2　裝進保存容器裡，放進冷藏室冰一晚。

裝進乾淨的保存容器，可在冷藏室保存3～4天

在「基本高麗菜沙拉」裡
加入一種食材就能改變口味

1：美乃滋

加入美乃滋後就成為
大家想像中高麗菜沙拉的滋味。
雖然每天吃美乃滋會吃膩，
但偶爾還是會想念吧！

材料與作法　2人份

總量1/4的基本高麗菜沙拉中加入美乃滋1大匙，混合均勻。

2：柑橘醬

我家收集了許多別人送的果醬，
比起塗在麵包上，
我更喜歡加進高麗菜沙拉裡。
換成其他喜歡的果醬也沒問題。

材料與作法　2人份

總量1/4的基本高麗菜沙拉中加入柑橘醬1大匙，混合均勻。

3：葡萄柚

將酸甜微苦的葡萄柚，
變成更加新鮮的滋味。
也可以將葡萄柚換成
甘夏橘或檸檬等各個季節的柑橘。

材料與作法　2人份

將1/4顆葡萄柚的果肉從薄皮取下並剝成小塊，加入總量1/4的基本高麗菜沙拉中混合均勻，撒上黑胡椒。

4：鮪魚

加入蛋白質後更有飽足感。
放在麵包上或夾起來
都很美味喔！

材料與作法　2人份

小罐的鮪魚罐頭（油漬）1罐，將油瀝乾後，加入總量1/4的基本高麗菜沙拉中混合均勻。

鹽揉高麗菜的應用

基本高麗菜沙拉

我所製作的高麗菜沙拉，
因為不使用美乃滋而風味清爽，
所以也經常直接品嘗，
能夠感受高麗菜的單純口感與滋味。

材料　方便製作的份量

鹽揉高麗菜（參考P.69）－總量（約600g）

A
- 橄欖油・砂糖　各1又1/2大匙
- 醋　1大匙

將鹽揉高麗菜的水氣充分擠乾後放進調理缽裡，加入A並混合均勻。

每天吃不膩的
「高麗菜沙拉」
創意料理

1：

2：

3：

4：

鹽漬【1】

鹽漬豬肉

將整塊豬肉用鹽醃漬起來，
放進冰箱冷藏熟成，
引出鮮甜滋味。
水煮或燒烤，
任何料理都適合，
特價肉品也能變得高雅。

材料　方便製作的份量

豬五花（塊）—500g

鹽—1大匙（15g）

1　用廚房紙巾擦乾豬肉的水氣，整體均勻撒鹽搓揉，用保鮮膜包緊。

2　在冷藏室裡冰2～3天（每天將保鮮膜取下一次，用廚房紙巾擦乾水氣）。

裝進乾淨的保存容器，可在冷藏室保存1週。

鹽漬豬肉的應用

清燙豬肉

可以直接品嘗，
也可以根據喜好
添加韓式辣醬或味噌。

材料　方便製作的份量

鹽漬豬肉（參考右頁）－總量的1/2（250g）
薑（切薄片）－1片
酒－3大匙
菊苣（或其他喜歡的蔬菜）－適量

1　在鍋子裡加入大量的水煮沸，放入鹽漬豬肉後轉小火。加入薑、酒，煮沸後撈出浮沫，轉中火煮約30分鐘，關火直接放涼。
2　切成薄片後裝盤，並附上菊苣。

義式爐烤豬

輕鬆重現烤「整塊豬肉」
製成的義大利料理。

材料　2人份

鹽漬豬肉（參考右頁）
－總量（500g）
大蒜－1瓣
迷迭香（生）－6枝
黑胡椒（粗粒）－少許
橄欖油－2大匙
蜂蜜－2大匙
檸檬（切成菱形）－適量

1　大蒜切末。摘下迷迭香的葉片切末。
2　將1放進調理缽裡，加入橄欖油、蜂蜜混合均勻。
3　將豬肉切一個刀口後攤開，以擀麵棍敲扁，整體均勻塗上2，從邊緣捲起來，撒上黑胡椒。用保鮮膜包住，冰進冷藏約6小時。
4　放進烤箱裡以160℃烘烤約1小時。裝盤並附上檸檬。

鹽漬【2】

鹽漬沙丁魚

發現外皮油亮的沙丁魚，
總是忍不住購買，
但有時候無法在當天吃完。
這就是鹽漬出動的時候！

材料　方便製作的份量

沙丁魚－6尾（420g）　橄欖油－3大匙
鹽－適量　檸檬汁－1大匙

1　將片成三枚切的沙丁魚去除細刺，用廚房紙巾擦乾水氣。

2　在調理盤上撒1小匙鹽，放入沙丁魚，再撒1小匙鹽。接著淋上橄欖油、檸檬汁，用保鮮膜包起來，放進冷藏室1小時以上。

裝進乾淨的保存容器，可在冷藏室保存4天。

鹽漬沙丁魚的應用

沙丁魚高麗菜義大利麵

將鹽漬沙丁魚當成鯷魚罐頭使用的簡單義大利麵。

材料　方便製作的份量

鹽漬沙丁魚(參考右頁)－6片份
高麗菜－1/8顆
義大利麵－180g
鹽－將近1大匙(14g)
大蒜(拍碎)－1瓣份
紅辣椒(剝碎)－1根份

1　鹽漬沙丁魚切碎，高麗菜切成容易入口的大小。

2　鍋子裡加入7杯水煮沸並加鹽，將義大利麵根據袋子上標示的時間煮熟。

3　平底鍋裡放入橄欖油、大蒜、紅辣椒，以中火加熱，等到飄出香味時，加入2大匙煮麵水，再放入1。

4　將煮好的義大利麵放進3裡，迅速攪拌均勻。

香拌沙丁魚

紫洋蔥的爽脆感與微微的苦味與沙丁魚非常搭配。

材料　方便製作的份量

鹽漬沙丁魚(參考右頁)－6片份
紫洋蔥　1/4顆
A　檸檬汁　1大匙
　　橄欖油　1大匙

1　將鹽漬沙丁魚以流水稍微清洗，用廚房紙巾將水擦乾，切成容易入口的大小。紫洋蔥縱向切成薄片，稍微泡一下水後以篩網瀝乾。

2　在調理缽裡混合A，加入1後混合均勻。

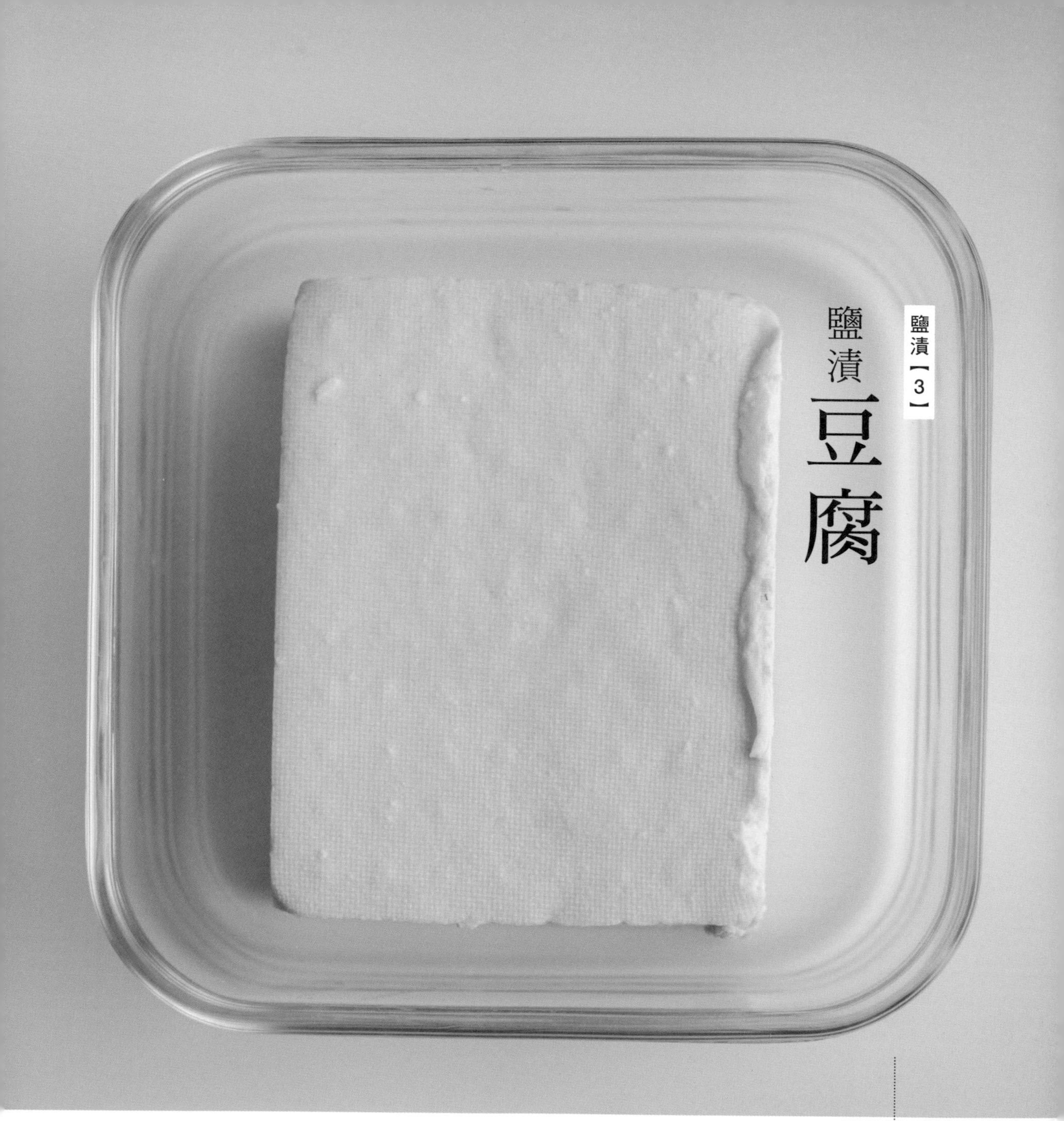

鹽漬【3】

鹽漬豆腐

經過鹽漬的豆腐
恰到好處地去除水分，
變得不容易散開，
能夠自由自在地製成各種料理。
Q彈、緊緻的口感，
美味到令人上癮。

材料　方便製作的份量

豆腐（板豆腐）—1塊（350g）
鹽—1小匙（5g）

1　用廚房紙巾將豆腐的水分擦乾，整體均勻撒上鹽。

2　將[1]用廚房紙巾包起來，放進冷藏室冰一個晚上。

裝進乾淨的保存容器，可在冷藏室保存5天
（請勿超過豆腐的保存期限）。

鹽漬豆腐的應用

豆腐燒

散發出微微的焦香！
還可以當作
火鍋之類的美味配料。

材料　2人份

鹽漬豆腐（參考右頁）－1塊份
橄欖油－1大匙
酒－2大匙

1　在平底鍋裡倒入橄欖油以中火加熱，將鹽漬豆腐放入，煎到兩面微焦。

2　將酒以繞圈的方式倒入，蓋上鍋蓋蒸煎約1分鐘。

鹽味麻婆豆腐

使用經過鹽漬的豆腐，
口味鮮明
不馬虎。

材料　2人份

鹽漬豆腐（參考右頁）－1/2塊份
豬牛混合絞肉－200g
金針菇－1/2包（90g）
太白粉－2小匙
蔥（切成蔥花）－10cm份
大蒜（切末）－1瓣份
豆瓣醬－1小匙
酒－1大匙
鹽－少許
麻油－1大匙

1　將鹽漬豆腐切成一口大小。將金針菇的根部切除，切成4cm長並剝散。太白粉加入倍量的水混合（製成太白粉水）。

2　鍋子裡倒入麻油，再加入蔥花、大蒜，以小火加熱，等到飄出香味後加入絞肉拌炒，炒到肉變色後，加入豆瓣醬、酒、3/4杯水，拌炒均勻後蓋上鍋蓋。

3　以較弱的中火蒸煮2分鐘，再加入1/2杯水、鹽漬豆腐。煮3分鐘後取下鍋蓋用鹽調味。1的太白粉水再度混合後以繞一圈的方式倒入勾芡。

鹽漬【4】

鹽漬酪梨

稍微用鹽醃漬過的酪梨，
帶有黏性並濃縮鮮味。
無論直接吃
還是製成料理都美味。
由於無法保存，
請每次製作都用完。

材料　方便製作的份量

酪梨－1顆

鹽－1/2小匙

1　酪梨縱切出切口，雙手扭轉分成兩半，取下種子。用湯匙挖出果肉，橫切成8mm的薄片。

2　擺在調理盤上，兩面均勻撒鹽，靜置3分鐘。

鹽漬酪梨的應用

涼拌酪梨燻鮭魚

入口即化的酪梨
與整體融合非常美味。

材料　方便製作的份量

鹽漬酪梨（參考右頁）－1顆份
燻鮭魚（長度切半）－8～10片份（100g）
酸豆－1小匙
檸檬汁、橄欖油－各1大匙

將材料全部放進調理缽裡混合均勻。

酪梨歐姆蛋

鬆軟的雞蛋與
濃厚的酪梨是
絕對不會出錯的
好拍檔。

材料　2人份

鹽漬酪梨（參考右頁）－1/2顆份
蛋－4個
鹽－2小撮
奶油－10g

1　在調理缽裡將蛋打散，與鹽混合。
2　在平底鍋裡以中火融化奶油，倒入1，以調理長筷稍微攪拌，等到邊緣凝固後，在靠自己的這一側放進鹽漬酪梨。
3　將蛋往靠自己的這一側對折包住酪梨，整理成半圓形。

更多鹽漬！

輕鬆享用「鹽漬白菜」的創意料理

「鹽漬白菜」的作法是使用鹽水醃漬白菜，讓乳酸發酵。這道小菜有著獨特的風味與恰到好處的鹹味，不僅下飯，也適合配茶，是傳統的保存食品。只不過傳統的鹽漬白菜需要先預漬再正式醃漬，給人費時費工的印象，在此為大家介紹輕鬆就能完成的方法。這個方法不只可以用來醃漬白菜，也能醃漬其他喜歡的當季蔬菜。

鹽漬【5】

鹽漬白菜

傳統鹽漬白菜費時又費工，需要先預漬再正式醃漬，這裡介紹的是簡單版。雖然簡單仍確實經過發酵，美味可是正統派。

材料

容易製作的份量

白菜－1/4顆（750g）
鹽－1又1/2大匙
昆布（5cm方形）－1片
紅辣椒－1根份

1

將白菜的葉子一片片剝下，擺在竹篩上，以陽光曝曬6小時。

2

將白菜切成容易入口的大小，加鹽仔細搓揉後，放進夾鏈袋裡，加入切細的昆布與去籽的紅辣椒。

3

將2的夾鏈袋放在調理盤上，上面再放另一個調理盤，並擺上裝水寶特瓶等1.5～2kg的重物，在室溫放置2～4天（隨季節而異）。等到壓出醃漬的汁液與酸味時就能品嘗。

裝進乾淨的保存容器，可在冷藏室保存1週。

鹽漬白菜的應用

白菜煎餃

只要使用充滿鮮味的鹽漬白菜，
就算不放大蒜
成果也十分美味。

材料

方便製作的份量／12個份

鹽漬白菜（參考P.81）－總量的1/5（100g）
韭菜－1/3把
豬絞肉－100g
A 酒・太白粉－各1大匙
　胡椒－少許
水餃皮－12張
麻油－1小匙

1 將鹽漬白菜切絲，韭菜切末。

2 將1、絞肉放進調理缽，加入A攪拌均勻。接著平均包進餃子皮裡，將餃子皮折壓包緊。

3 將麻油倒入平底鍋，以較強的中火加熱，將2排在平底鍋上。煎到微焦上色後，加入3/4杯水，蓋上鍋蓋蒸煎4分鐘。

輕鬆享用「鹽漬白菜」的創意料理

鹽漬白菜翅腿湯

一道能夠當成配菜的暖心料理。帶骨肉、蝦米，以及鹽漬白菜的鮮味全部融合在一起。

材料　2人份

鹽漬白菜（參考P.81）
　－總量的1/5（100g）
翅腿－6根
鹽－2小撮
蝦米（切碎）－2大匙
昆布（3cm方形）－1片
酒－2大匙
麻油－2小匙

1　在翅腿上撒鹽。

2　麻油倒進鍋子裡，以較弱的大火加熱，將翅腿煎到微焦。加入2杯水、昆布、蝦米後轉成中火，煮約5分鐘。接著加入鹽漬白菜稍微加熱，試過味道後撒一點鹽（份量外）調味。

最適合搭配鹽味料理！

讓菜色更均衡的水果沙拉

直接將水果當成餐後甜點品嘗也很美味，但如果做成鹽味沙拉，就能成為讓餐桌升級的小菜！就用富含維生素與礦物質的水果沙拉來補充元氣吧！

草莓淋醬沙拉

加入整塊草莓的甜鹹淋醬是主角！
非常適合搭配烤牛肉與煎雞肉等肉類料理。

這道沙拉的主角是淋醬。
蔬菜也可以換成萵苣、白菜或山茼蒿等。

材料　2人份

芝麻葉（或是其他喜歡的蔬菜）－適量
布拉塔起司（或是莫札瑞拉起司）－1個
草莓－5～6顆
A
- 橄欖油－2大匙
- 白酒醋－1大匙
- 蜂蜜－1小匙
- 鹽．黑胡椒（粗粒）－各少許

1 將芝麻葉切成容易入口的大小，瀝乾水氣。草莓去除蒂頭，縱切成4等分。

2 在調理缽裡將A混合均勻，加入草莓後稍微混合。

3 將芝麻葉裝盤，擺上起司，並在起司中央劃一刀，接著淋上2。

芹菜葡萄柚沙拉

滋味微苦，後味清爽，
是一道大人會喜歡的沙拉。
適合在品嘗蘆筍炒鮮蝦或唐揚炸雞時解膩。

材料　2人分

芹菜梗－1根
芹菜葉－適量
葡萄柚－1顆
鹽－2小撮
A
- 醋－1大匙
- 橄欖油－1大匙
- 蜂蜜－1小匙
- 黑胡椒（粗粒）－少許
- 山椒粉－2小撮

菊苣（盡量選紫色）－8片

1　去掉芹菜梗的絲，斜切成薄片，撒鹽仔細搓揉。芹菜葉切成粗末。葡萄柚連薄皮一起剝掉，再切成容易食用的大小。

2　將A在調理缽裡混合，加入1混合均勻。

3　將菊苣擺在容器裡，再均勻擺上2。

葡萄無花果豆腐沙拉

豆腐與芝麻醬混合而成的醬汁溫柔地包覆著水果。
適合與蘿蔔燉翅腿或馬鈴薯燉肉等
燉煮料理一起品嘗。

材料　2人份

麝香葡萄（帶皮）－7～8顆
葡萄（紅／帶皮）－4～5顆
無花果－2顆
嫩豆腐－100g
A　芝麻醬（白）－1/2大匙
　　蜂蜜－1小匙

1　將豆腐用廚房紙巾包起來，放在篩網上靜置約30分鐘瀝乾水分。在研磨缽裡將A研磨混合，加入豆腐之後再將整體研磨至滑順。

2　將麝香葡萄、葡萄垂直切半。無花果剝皮後縱切成4等分。將水果加進1裡稍微攪拌混合。

3章

鹽水食譜

本章的主題是「鹽水」。……應該也有很多人覺得一頭霧水吧？
但如果說到「鹽水汆燙」，不就是平常使用的調理方法嗎？
鹽水汆燙也是鹽水調理法的一種，所以鹽水料理一點也不難。
我們自古以來就在無意識當中運用鹽水的力量。
現在重新有意識地使用，必定能夠提升「料理力」。

1%與3%。本章使用這2種濃度的鹽水。可以每次使用的時候再準備，也可以像照片一樣先調好裝進容器保存。

只要有”鹽水”就能做到這些事

除了在食材上直接撒鹽的調理法之外，我平時也經常使用鹽水（用鹽調成的水）調理法。而本章想要傳授的是使用鹽水汆燙蔬菜，或是將食材浸泡在鹽水中保存等，輕鬆就能採用的點子。

「為什麼要用鹽水呢？」最大的優點是，使用確實測量份量後準備的鹽水調理，料理就不會走味。舉例來說，即使是「1小撮鹽」，也無法保證每次都剛好相同份量。但如果是「1杯加入1%的鹽水混合」，那味道就不會出錯。

這次介紹的鹽水濃度有1%與3%兩種。如果立刻使用，都可以在要用的時候再把鹽加進水裡攪拌溶解。不過如果想要裝進瓶子裡，當成「水高湯」保存，先煮滾後再裝瓶比較保險。冰進冷藏室保存的鹽水，最好在3天內用光。

◎ 1% 的鹽水

鍋子的尺寸	鹽
500mℓ	1小匙（5g）
1 ℓ	2小匙（10g）
2 ℓ	4小匙（20g）
3 ℓ	2大匙（30g）
5 ℓ	1/4杯（50g）

◎ 3% 的鹽水

鍋子的尺寸	鹽
500mℓ	1大匙（15g）
1 ℓ	2大匙（30g）
2 ℓ	4大匙（60g）
3 ℓ	5大匙（75g）
5 ℓ	9大匙（135g）

買來的蔬菜
用1%的鹽水汆燙！

蔬菜在買來之後，轉眼間就會變得愈來愈不新鮮。如果先用鹽水汆燙，就能提高保存性。而且將蔬菜用鹽水汆燙過，切成容易入口的大小，再裝進保存容器裡收納，冷藏室也會變得整齊清爽！如果使用已經預先調味的鹽味蔬菜，之後的調理也會大幅變得輕鬆。（→P.92）

◎煮義大利麵時也可使用。（→P.102）

買來的食材
用3%的鹽水醃漬！

很多人都會使用醬油基底的醬汁，將雞肉、水煮蛋等醃漬起來保存吧？「3%鹽水醃漬」的手法，可說是其鹽味版。兩者在提高保存性、之後調理時更輕鬆的部分雖然相同，但鹽水醃漬不需要費工夫測量醬油、酒、味醂等調味料的量，之後調理的選項也大幅增加，這些都是令人開心的優點。（→P.104）

◎也可以用來解凍綜合海鮮。（→P.112）

1%鹽水【1】

汆燙蔬菜

根莖類蔬菜如果用鹽水燙過就能均勻沾附鹽味，
之後的調理只需要淡淡地調味即可。
此外鹽也能提高沸點，
具有防止葉菜等變色的效果。
除了左頁這些蔬菜之外，
也可以應用在切成容易入口的蓮藕、
四季豆、毛豆、蘆筍、菠菜、小松菜等
各式各樣的蔬菜。

鹽水汆燙蔬菜的材料與作法

綠花椰

將1顆綠花椰（300g）分成小朵。在鍋子裡加入5杯水煮沸，再加入2小匙鹽，接著以中火汆燙綠花椰2分鐘後，撈到篩網上稍微放涼。

裝進乾淨的容器裡，可在冷藏室保存3～4天。

白花椰

將1顆白花椰（400g）分成小朵。在鍋子裡加入5杯水煮沸，再加入2小匙鹽，接著以中火汆燙白花椰2分鐘後，撈到篩網上稍微放涼。

裝進乾淨的容器裡，可在冷藏室保存3～4天。

青江菜

在鍋子裡加入5杯水煮沸，再加入2小匙鹽。轉成中火，先將3小株（200g）青江菜的梗放入汆燙30秒，再連葉子一起放入汆燙20秒，撈到篩網上稍微放涼。

裝進乾淨的容器裡，可在冷藏室保存3天。

鴻喜菇

將1包（190g）鴻喜菇的根部切掉並剝散。在鍋子裡加入5杯水煮沸，再加入2小匙鹽，接著以中火汆燙鴻喜菇1分鐘後，撈到篩網上稍微放涼。　＊除了鴻喜菇之外，也可以用同樣的方法汆燙其他蕈菇類。

裝進乾淨的容器裡，可在冷藏室保存3天。

豆芽菜

將1包豆芽菜（250g）摘除根鬚（如果有）。在鍋子裡加入5杯水煮沸，再加入2小匙鹽，接著以大火汆燙豆芽菜30秒後，撈到篩網上稍微放涼。

裝進乾淨的容器裡，可在冷藏室保存2天。

托斯卡尼風綠花椰蔬菜湯

這是義大利托斯卡尼地方的傳統家庭料理。配料豐富，冒著熱騰騰蒸氣的湯品，是冬季的饗宴。燉煮的食材除了綠花椰菜之外，還有各式各樣的蔬菜、豆類與麵包。

各種食材的滋味融合在一起，是一道能夠成為主菜的湯品。

材料　2人份

鹽水汆燙綠花椰（參考P.93）
　－總量的1/2（150g）
洋蔥－1/2顆
紅蘿蔔－1/2根
芹菜－1/2根
馬鈴薯－2顆
番茄－1顆
長棍麵包（盡量選擇硬一點的）
　－30g
大蒜（拍碎）－1瓣份
鷹嘴豆（水煮）－100g
月桂葉－1片
橄欖油－3大匙
鹽－1/2～1小匙

1　將洋蔥、紅蘿蔔、芹菜、馬鈴薯切成2cm方形。番茄切丁。長棍麵包切成一口大小。

2　將橄欖油倒進鍋子裡以中火加熱，放入大蒜。等到飄出香味後，加入紅蘿蔔、芹菜拌炒。

3　等到蔬菜炒軟之後，加入3杯水、月桂葉、馬鈴薯煮3分鐘，接著加入鹽水汆燙過的綠花椰、鷹嘴豆、長棍麵包再煮3分鐘。試過味道後酌量加鹽調味。

簡單的花椰菜沙拉

綠花椰與白花椰，
雙色花蕾十分美麗！
簡單至上
吃不膩的沙拉。

材料　2人份

鹽水汆燙綠花椰（參考P.93）
　－將近總量的1/2（120g）
鹽水汆燙白花椰（參考P.93）
　－將近總量的1/2（160g）
橄欖油－1大匙
檸檬汁－2大匙

將橄欖油與檸檬汁在調理缽裡混合。加入鹽水汆燙的綠花椰與白花椰，再將整體混合均勻。

鯷魚風味香煎白花椰

煎到微焦的白花椰香氣四溢，
口感也相當出色。
無論是放在麵包上，
還是拌進義大利麵裡都很美味。

材料　2人份
鹽水汆燙白花椰（參考P.93）
　－總量的1/2（200g）
大蒜（拍碎）－1瓣份
鯷魚（菲力／切碎）－3片（15g）
橄欖油－2小匙

1　將鹽水汆燙過的白花椰菜切成容易入口的大小。
2　在平底鍋裡倒入橄欖油並放入大蒜，以小火加熱。等到飄出香味後，再加入白花椰菜、鯷魚，並將白花椰菜煎到微焦。

辣煮青江油豆腐

稍微煮一下再勾芡，
香辣的滋味既下飯也下酒。

材料　2人份

鹽水汆燙青江菜（參考P.93）
　－總量的2/3（100g）
油豆腐－1塊（150g）
A　酒－1大匙
　豆瓣醬・蔗糖－各1小匙
　鹽－1/2小匙
B　水－1大匙
　太白粉－2小匙
麻油－2小匙

1　切掉鹽水汆燙青江菜根部較硬的部分，再將青江菜切成3cm長，梗較粗的部分切成1cm寬。油豆腐用廚房紙巾包起來，放進耐熱容器裡，不包保鮮膜以微波爐（600W）加熱1分鐘。稍微放涼後切成容易入口的大小。將A與B分別混合。

2　平底鍋裡倒入麻油以中火加熱，加入油豆腐翻炒，再加入青江菜稍微拌炒，接著倒入60㎖的水與A並煮滾。再度拌炒均勻，接著以繞圈的方式倒入B勾芡。

青江菜炒培根

培根的鹽味與鮮味十分明顯。
完成後的爽脆口感相當美味。

材料　2人份
鹽水汆燙青江菜（參考P.93）－總量（150g）
培根（切成薄片）－4片（75g）
大蒜（切成薄片）－1/2瓣
橄欖油－2小匙

1　切掉鹽水汆燙青江菜根部堅硬的部分，再將青江菜切成3cm長，梗較粗的部分切成1cm寬。培根切成1.5cm寬。

2　在平底鍋裡倒入橄欖油、加入大蒜以中火加熱，等到飄出香味後加入培根拌炒。等到培根上色後再加入青江菜，將整體拌炒均勻。

涼拌豆芽菜

滋味溫和的配菜，用來解膩剛剛好。
如果喜歡也可以撒上韓國辣椒粉。

材料　2人份

鹽水汆燙豆芽菜（參考P.93）
　－總量的2/3（120g）

A
- 大蒜・薑（都磨成泥）－各1/2小匙
- 鹽－2小撮
- 麻油－2小匙
- 白芝麻－1小匙

1　在調理缽裡加入A、鹽水汆燙豆芽菜混合均勻。

2　裝盤後再撒上白芝麻（份量外）。

芥末香腸鴻喜菇

顆粒芥末的溫和辣味與酸味以及奶油的風味刺激食慾。最適合當成下酒菜。

材料　2人份

鹽水氽燙鴻喜菇（參考P.93）－總量的2/3（120g）
德式香腸－5～6根（100g）
A｜白酒・顆粒芥末－各1大匙
奶油－10g
鹽－2小撮
巴西利（切碎）－適量

1　將香腸斜切成1cm厚。

2　在平底鍋裡放入奶油以中火加熱，用融化的奶油煎香腸。接著加入鴻喜菇煎約1分鐘直到稍微上色。加入A煮到收乾，試味道後加鹽調味，再撒上巴西利。

1%鹽水【2】

煮義大利麵

使用鹽水煮義大利麵除了讓麵體吸收鹽味之外，也能夠防止麵體在沾附醬汁時變得太水。

由於無法保存，請每次使用時再準備。

材料與製作方法　容易製作的份量

在鍋子裡煮沸1.5ℓ的水後加入1大匙鹽，將180g的義大利麵（任何形狀的麵體都可以）放入，根據包裝上說明的時間煮熟。

芹菜海瓜子義大利麵

正因為是單純的橄欖油清炒義大利麵，
才能發揮「鹽水煮義大利麵」的真本事。
恰到好處的鹽味，讓人能夠心無旁騖地一口接一口，
直到最後也吃不膩。

材料　2人份

鹽水煮義大利麵（參考右頁）－總量（430g）
海瓜子（吐沙完畢）－14顆（120～140g）
芹菜梗－1/2根
小番茄－4顆
A
- 大蒜（拍碎）－1瓣份
- 紅辣椒－1根
- 白酒－2大匙
- 橄欖油－1大匙
- 鹽－2小撮

奶油－15g

1　去掉芹菜梗的絲，斜切成5mm寬的薄片。取下小番茄的蒂頭，縱切成4等份。

2　在平底鍋裡加入A以小火拌炒，等到大蒜飄出香味後，加入海瓜子與芹菜，蓋上鍋蓋以較弱的中火蒸煮。

3　煮到海瓜子打開，再加入鹽水煮熟的義大利麵與奶油、小番茄並混合均勻。

3%鹽水【1】

醃漬食材

只要使用鹽分濃度更高的3%鹽水，
就能提高保存性，因此也能應用在魚類與肉類。
將魚或肉以鹽水浸漬，
就能消除惱人的腥臭味，使肉質更緊實，
變成如「熟成」般美味濃縮的狀態。
而水煮蛋或水煮馬鈴薯等如果用鹽水浸漬，
也能迅速製成配菜或便當菜，
因此非常推薦。

鹽水醃漬食材的材料與作法

雞肉

煮沸2又1/2杯水，溶解1大匙鹽，稍微放涼（3%鹽水）。將2片雞腿肉（500～600g）放進夾鏈袋，注入3%鹽水。

裝進乾淨的容器裡，可在冷藏室保存3天。

鮪魚

煮沸2又1/2杯水，溶解1大匙鹽，稍微放涼（3%鹽水）。將2片（400g）鮪魚（生魚片用／塊）放進夾鏈袋，注入3%鹽水。

裝進乾淨的容器裡，可在冷藏室保存3天。

水煮蛋

煮沸2又1/2杯水，溶解1大匙鹽，稍微放涼（3%鹽水）。將6顆水煮蛋裝進夾鏈袋裡，注入3%鹽水。

裝進乾淨的容器裡，可在冷藏室保存5天。

Column

只要醃漬1個小時魚類的保鮮效果也更出色

魚類的鮮度是關鍵，但現在生活型態改變，很多人即使買了魚也經常無法立刻調理。但就算是鮭魚、旗魚等切片的魚類，只要以3%的鹽水醃漬約1小時後再拿出來，也能讓長時間保鮮的效果變得更好。

水煮雞肉

將雞肉與醃漬用鹽水同樣3%的鹽水汆燙，就能保持一定的鹹味。
也可以將汆燙好的雞肉剝散拌進沙拉或麵線裡。

材料　2人份

鹽漬雞肉（參考P.105）
　－1片份（250～300g）
鹽－1大匙
A
- 酒－3大匙
- 薑（切成薄片）－1片份
- 蔥（蔥綠的部分）－1根份

萵苣（撕成容易食用的大小，
　並稍微汆燙）－適量

1　在鍋子裡倒入2又1/2杯水，加鹽煮沸。沸騰之後轉中火，加入雞肉與A煮約20分鐘。
2　關火直接稍微放涼。切成容易食用的大小後裝盤，附上適量的萵苣。

鹽味唐揚雞

大口咬下酥脆的麵衣，
肉汁就在嘴裡滿溢而出！
鹽水醃漬過的雞肉軟嫩多汁，
不管多少都吃得下。

材料　2人份

鹽漬雞肉（參考P.105）
－1片份（250～300g）

A
- 蛋打散－１個份
- 薑（磨泥）－1/2片份
- 酒・檸檬汁－各1大匙

太白粉－適量
炸油－適量
貝比生菜－適量

1　將鹽水醃漬雞肉切成容易食用的大小後與A混合，撒上太白粉。

2　用180℃的炸油炸約6分鐘，炸的過程中翻面1～2次，炸到酥脆。裝盤並附上適量的貝比生菜。

鹽漬鮪魚丼

這道料理能夠單純地享用鹽水醃漬鮪魚濃縮鮮甜的美好滋味。
也可以根據喜好附上山葵或白芝麻。

材料　2人份

鹽漬鮪魚（參考P.105）
　－總量的2/3（200g）
白飯－1碗
海苔絲－適量
青紫蘇（切絲）－適量

1　將鹽水醃漬鮪魚切成1cm寬。

2　在碗裡盛飯，撒上海苔絲。接著擺上1與青紫蘇。

自家製鮪魚三明治

油煮鹽水醃漬鮪魚製成的自家製鮪魚罐頭滋味絕佳。取代市售鮪魚罐頭使用，日常料理就能更加升級。

材料　2人份

吐司（三明治用）－4片

A
- 鹽漬鮪魚（參考P.105）－總量的2/3（200g）
- 橄欖油－1杯
- 大蒜（切成薄片）－1片
- 月桂葉－2片
- 孜然籽－適量

洋蔥（切碎）－4大匙

鹽－2小撮

芥末－1小匙

美乃滋－1大匙

芝麻葉（或其他喜歡的蔬菜）－適量

1　製作自家製鮪魚罐頭。將A放進鍋子裡以中火加熱，等到開始沸騰後轉小火，煮6分鐘。翻面後再煮6分鐘，接著關火並稍微放涼（浸漬在油液中的狀態可保存1週）。

2　在洋蔥裡撒1小撮鹽，放置5分鐘後將水擠乾。將1剝成容易入口的大小，與洋蔥、芥末、美乃滋拌勻。

3　在吐司裡夾入芝麻葉與2，切成3等份。

鮮蝦花椰蛋沙拉

這道彷彿套餐前菜的沙拉，是一道奢華的饗宴。而口味的關鍵就是鹽漬水煮蛋！花椰菜也可以使用事先以鹽水燙過的。

材料　2人份

鹽漬水煮蛋（參考P.105）－1顆
花椰菜（分成小朵）－1/2顆份
蝦仁－6隻
鹽－2小匙（10g）
A
- 橄欖油－１大匙
- 白酒醋－1/2大匙
- 法式芥末－1/2小匙
- 鹽－1/3小匙

黑橄欖（無子／輪切）－4個份

1　將鹽漬水煮蛋用手剝成容易食用的大小。

2　在鍋子裡加入1ℓ的水煮沸並加鹽溶解，加入花椰菜汆燙1分鐘後撈到篩網上。將蝦仁放進同一鍋熱水裡並立刻關火，靜置2分鐘後也撈到篩網上。

3　在調理缽裡將A混合，加入1、2的蝦仁及花椰菜，倒入橄欖油後混合。

絞肉咖哩加鹽漬水煮蛋

討喜的擺盤，
無論大人小孩都喜歡！
不只絞肉咖哩，
擺到任何咖哩上都會變得豪華。

材料　2人份
牛豬混合絞肉－300g
洋蔥（切成粗末）－1顆份
番茄（切成1cm方形）－2顆份
青椒（切成粗末）－1個份
大蒜・薑（都切末）
　－各1瓣・1片份
鹽－1小匙
咖哩粉－2大匙
沙拉油－1大匙
白飯－適量
鹽漬水煮蛋（參考P.105）－2顆

1　鍋子裡加沙拉油後以中火加熱，倒入大蒜、薑拌炒。等到飄出香味後，加入洋蔥炒軟，再加入絞肉炒約2分鐘。倒入咖哩粉拌炒均勻後，再加入鹽、番茄、洋蔥快速拌炒。

2　將白飯裝盤，將1放在白飯上，再擺上鹽漬水煮蛋。

3%鹽水【2】

解凍綜合海鮮

據說海水的鹽分濃度大約3.4%，與3%的鹽水相當接近。因此將來自大海的冷凍綜合海鮮浸泡在3%鹽水裡，就能在解凍時不損其美味。

材料與製作方法　容易製作的份量

將2又1/2杯的水煮沸，溶解1大匙鹽，稍微放涼（3%鹽水）。將鹽水倒進調理缽裡，加入1包綜合海鮮（600g）解凍。

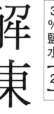

鹽味海鮮炒麵

只要用鹽水解凍綜合海鮮，
就算是冷凍海鮮也不會軟爛，
和新鮮的一樣美味！

材料　2人份

綜合海鮮（用鹽水解凍／參考右頁）－總量的1/3（200g）
蔥（斜切成5mm寬）－1根份
蒸熟中華麵－2包（300g）
A
- 水－80mℓ
- 酒－2大匙
- 檸檬汁－1大匙
- 鹽－1/2小匙

麻油－1大匙

1　在平底鍋裡倒入麻油以大火加熱，拌炒綜合海鮮、蔥。

2　將蒸熟中華麵撥散加入拌炒，使其吸收綜合海鮮炒出的水分。加入A拌勻，並拌炒到湯水收乾為止。

甜鹹混合！

鹽味甜點的午茶時間

在甜甜的點心裡稍微加入一點鹽，鮮明的甜鹹對比使美味更加升級！接下來將介紹最適合當成家庭點心輕鬆製作的甜點品項。

鹽味布丁

烤布丁是最經典的家庭點心。在微苦的焦糖醬裡加入一點點鹽，就能變成大人口味的高雅甜點。

材料　耐熱杯2～3個份

牛奶－2又1/2杯
蛋－5顆
蛋黃－1顆份
蔗糖－80g
A　蔗糖－4大匙
　　鹽－1/2小匙
鹽－適量

準備

◎將烤箱以160℃預熱。

1　在鍋子裡倒入牛奶，加熱到相當於人類體溫的溫度，加熱過程中請避免沸騰。

2　將蛋打進調理缽裡打散，加入蛋黃與砂糖，以攪拌器打勻。將1一點一點加入並混合均勻，過程中避免起泡，接著以過篩器（或者網目較細的篩網）過濾，注入耐熱杯裡。

3　將2擺在烤盤上，注入耐熱杯深度1/2左右的沸水，以烤箱蒸烤40～50分鐘，放涼到室溫後，冰進冷藏室一個晚上。

4　製作鹽味焦糖醬。將A的蔗糖倒入較小的鍋子裡以中火加熱，等到整體顏色微焦時關火，加入A的鹽與2大匙水。再度以中火煮到沸騰後，再加入1又1/2大匙的熱水，以過篩器（或者網目較細的篩網）過濾。

5　將4淋在3上，根據喜好稍微撒一點鹽。

最後稍微灑點鹽，能夠更加突顯布丁的甜味。

鹽味雪球

入口即化、滋味溫和的鬆軟餅乾。麵團的鹽味與白雪般大量撒上的糖粉形成絕佳平衡，怎麼吃也吃不膩。

材料　20顆份

A
- 低筋麵粉－120g
- 奶油（無鹽）－70g
- 杏仁粉－60g
- 蔗糖－50g
- 鹽－1/2小匙

核桃（烤過／切成粗粒）－40g
糖粉－適量

準備

◎烤箱以180℃預熱。
在烤盤上鋪烘焙紙。

1　將A倒進食物調理機裡打到滑順為止。接著倒進調理缽裡並拌進核桃。

2　將麵團搓成一口大小的圓形，排在烤盤上，用烤箱烤約12分鐘。放涼後撒上糖粉。

鹽味司康

麵團樸素鬆脆的質感與淡淡的鹽味形成絕妙風味。也可以根據喜好搭配凝脂奶油與果醬。

材料　8個份

無鹽奶油－60g

A
- 低筋麵粉－200g
- 全麥麵粉－20g
- 蔗糖－2大匙
- 鹽－1/2小匙
- 泡打粉－1大匙

蛋－1顆

牛奶－1大匙

準備

◎奶油切成紅豆大小，冰進冷藏冷卻。

◎烤箱以220℃預熱，並在烤盤上鋪烘焙紙。

1 將A倒進食物調理機混合均勻，加入奶油，等到變得不沾黏後倒進調理缽裡。

2 將蛋與牛奶混合，加入1裡，用手將整體混合均勻。混合時像是將麵糰折起一樣，直到整理成表面光滑。

3 放在檯子上桿成約10㎝×12㎝的長方形，再切成8等分的三角形。接著以刷毛在上方刷上一點牛奶（份量外），排在烤盤上烤約12分鐘。

4章

風味鹽食譜

「風味鹽」就是沾染上香草與水果等食材香味的鹽。
雖然能夠買到各種市售產品，但親手製作也出乎意料地簡單。
本章將介紹昆布鹽、柚子鹽等日式風味鹽，綜合香草鹽與紅酒鹽等適合搭配西式料理的風味鹽，以及咖哩鹽與香菜鹽等帶有民族色彩的風味鹽。也會一併介紹使用的創意。

照片中為紅酒鹽（P.129）
的調理過程。等待紅酒與
鹽慢慢煮乾的時間也是
一種樂趣。

【8種風味鹽】

今天是什麼口味？想要撒在什麼樣的料理上呢？

柚子鹽▷P.124

昆布鹽▷P122

綜合香草鹽▷P.123

山椒鹽▷P.125

除了天婦羅料理店也會提供的
「山椒鹽」、
最適合搭配日式料理的「昆布鹽」等
標準的風味鹽之外，
還有「香菜鹽」、
「紅酒鹽」等個性派的鹽。
鹽的樂趣可以擴張到無限大。

咖哩鹽 ▷ P.126

香菜鹽 ▷ P.128

紅酒鹽 ▷ P.129

蝦味鹽 ▷ P.127

昆布鹽

昆布鹽有著日式高湯般的風味，能夠應用在各式各樣的料理，如果用來為日常的日式料理調味，能夠呈現溫和圓潤的味道。

材料　容易製作的份量
昆布（3cm方形）－1片
鹽－3大匙

將昆布與鹽用研磨機打成粉末狀。

酥脆的炸物與
昆布的風味極度搭配！

義式酥炸白肉魚

將1片鱈魚（魚片）稍微撒點鹽，靜置約1分鐘左右擦去水分。撒上麵粉，再沾附以1/2杯氣泡水、麵粉80g調成的麵衣。用180℃的炸油炸約5分鐘，最後撒上少許昆布鹽。

正因為簡單，
更能深刻感受昆布的鮮美。

昆布鹽飯糰

捏飯糰的時候，在手上抹點昆布鹽。

綜合香草鹽

自家製的香草鹽，清爽的香味穿透鼻腔，也推薦換成其他喜歡的乾燥香草享用。

材料　容易製作的份量

鹽－3大匙

迷迭香·蒔蘿·巴西利

（全部都乾燥）－各1小匙

將所有的材料混合。

也可以換成櫛瓜或茄子等
其他喜歡的蔬菜。

爐烤甜椒

甜椒（紅·黃）各1/2個，去除蒂頭與種子，縱切成2cm寬。放進平底鍋裡，以中火煎到整體微焦，淋上1小匙橄欖油，撒上適量香草鹽。

簡單的煎魚只要
撒上香草鹽就能變得豪華。

香煎鮭魚

生鮭魚（魚片）2片擦乾水氣，撒上1小匙香草鹽、少許胡椒。平底鍋裡加入15g奶油，以中火加熱，將鮭魚的兩面煎到微焦。加入2大匙白酒，蓋上鍋蓋蒸煎1分鐘，打開蓋子煮到湯汁收乾。

柚子鹽

柑橘酸甜的香氣
瀰漫在口腔。
也可以換成檸檬或香橙等
當季的柑橘類。

材料　容易製作的份量

鹽－3大匙
柚子皮（冷凍乾燥／切碎）＊
　－1小匙
＊或是將曝曬半天的柚子皮切碎。

將鹽與柚子皮混合。

柚子的風味散發微香，
是一道吃起來清爽的料理。

涼拌紅蘿蔔

將1根紅蘿蔔切絲，撒上少許柚子鹽後仔細搓揉。靜置約5分鐘後擠乾水分，加入2小匙橄欖油後充分混合。

撒上柚子鹽的烤雞肉串
吃起來比撒上七味辣椒粉的更清爽

烤雞肉串

在平底鍋裡加入少許麻油以較弱的中火加熱，將適量的烤雞肉串（市售）煎到微焦。裝盤後撒上少許柚子鹽。

山椒鹽

山椒明亮的香氣與
刺激的辛辣味
能夠讓料理的口味更鮮明。
這是使用山椒粉製作的簡易版。

■材料　容易製作的份量
鹽－3大匙
山椒粉－1大匙

將鹽與山椒充分混合。

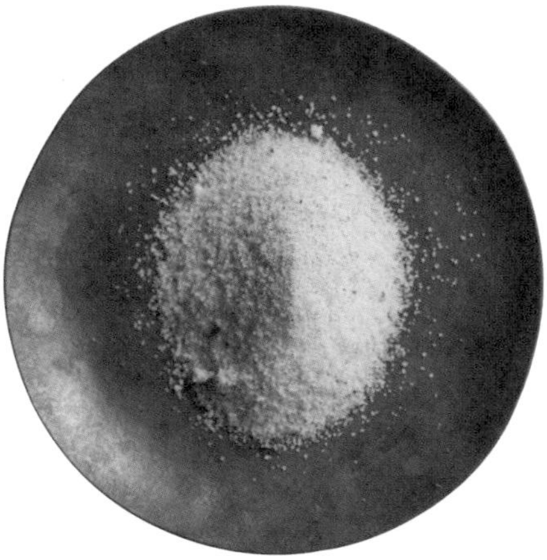

出乎意料地適合搭配
香甜鬆軟的烤番薯。

烤番薯

將1條烤番薯（市售）切半裝盤，撒上少許山椒鹽。

讓滋味溫和香甜的冰淇淋
一下子鮮明起來。

巧克力冰淇淋

將適量的巧克力冰淇淋裝進容器裡，撒上少許山椒鹽。

咖哩鹽

咖哩的香味大家都喜歡，非常能夠刺激食慾。這份食譜也加入大蒜與薑，為滋味更添深度。

材料　容易製作的份量

鹽－3大匙
咖哩粉－1大匙
大蒜．薑（都是粉狀）－各1/3小匙

將所有材料混合。

Arrange

Arrange

滋味不同於平常使用的醬包，
民族風的氛圍相當新鮮！

納豆

將1盒納豆裝進容器裡仔細攪拌，再撒上少許咖哩鹽。

咖哩的香味讓肚子咕嚕咕嚕叫。
最適合當早餐。

起司烤吐司

將1片起司放在1片吐司上，用烤箱烤到微焦，撒上少許咖哩鹽。

蝦味鹽

微微散發出蝦子的香味。
適合搭配蒸煮魚貝類、義大利麵或是清炒中華料理。

材料　容易製作的份量

鹽－3大匙
蝦米（或是櫻花蝦〈乾〉）－5g
薑（粉狀）－1小撮

蝦米用研磨器研磨到粉末狀（或是用研磨缽研磨到細碎）。加入鹽、薑混合均勻。

蝦子的鮮香味，
讓人忍不住上癮。

烤麻糬

2片日式麻糬以烤箱烤到微焦，撒上少許蝦味鹽。

使用冷凍的薯條
也沒問題

炸薯條

將1顆馬鈴薯清洗乾淨，連皮切成2cm寬的楔形，擦乾水分。以180℃的炸油炸約5分鐘左右，炸到酥脆，撒上適量的蝦味鹽。

香菜鹽

芫荽也被稱為香菜。帶有咖哩中熟悉的香料味，讓人忍不住上癮。

材料　容易製作的份量
鹽－3大匙
香菜（乾燥）－1大匙

將鹽與香菜充分混合。

也可以稍微撒一點在喜歡的市售熟菜上。

韓式炒雜菜

將牛肉炒肉片120g、醬油．味醂各1大匙、大蒜（磨成泥）1/2小匙充分混合。在平底鍋裡倒入2小匙麻油並以中火加熱，拌炒1/2顆份的洋蔥（切薄片）、1/4根份的紅蘿蔔（切絲），接著也加入牛肉炒熟。最後加入冬粉（用熱水煮5分鐘，切成容易食用的長度）60g，醬油．味醂各1大匙，炒到醬汁收乾。最後加入少許香菜鹽調味。

為煎炸的太陽蛋增添清爽感。

煎蛋

在平底鍋裡加入1大匙沙拉油以中火加熱，打1顆蛋進去，煎炸到微焦，撒上少許香菜鹽。

紅酒鹽

將鹽與紅酒煮到乾，
使鹽沾附紅酒風味。
用同樣的方式也可以製作白酒鹽，
不妨試試不同的風味。

材料　容易製作的份量
鹽－4大匙
紅酒－1/2杯

在平底鍋裡加入鹽與紅酒，以較弱的中火加熱。不時用木鏟攪拌以免燒焦，煮到水份蒸發，鹽粒變得乾爽。

紅色與綠色的對比
相當鮮豔！

毛豆

將適量用熱水煮5分鐘的毛豆裝盤，撒上少許紅酒鹽。

紅酒的風味
帶來大人風格的滋味。

巴斯克風起司蛋糕

巴斯克風起司蛋糕（或是烤起司蛋糕）1片，撒上少許紅酒鹽。

以鹽味料理為主角的
菜色靈感

本書介紹的各種「鹽味料理」，包含了主菜、配菜、飯類與麵類等主食，甚至是甜點。該如何將這些料理應用在每天的菜色裡呢？這裡想要稍微介紹一些設計菜色的訣竅。

「今晚的配菜該怎麼辦呢？」雖然為自己、為家人思考每天的菜色很重要，但往往也會成為壓力。這種時候不妨就用薑燒豬肉、唐揚炸雞等熟悉的菜色撐過去。這麼一來壓力想必會立刻消失。本書介紹了許多「鹽味版本」的食譜，讓這些經典的料理能夠更簡單完成。就算不使用多樣調味料也足夠美味，所以真的能夠以輕鬆的心情製作。

決定主菜之後，就輪到鹽味保存食品登場的時候了。使用鹽揉或鹽水汆燙等保存食品，搭配當季蔬菜準備配菜。有時也附上水果沙拉，調整酸味與甜味的平衡。在不勉強自己的範圍內持續下去最重要。

大海孕育的海鹽

播州赤穗自江戶時代起就是鹽的主要產地，並因此而繁榮，
到了令和元年也被認定為「日本遺產」，是鹽的故鄉。
本書訪問了「株式會社天鹽」的負責人鈴木惠，
請他聊聊從前含有鹽滷的鹽，
以及從製鹽發展而來的祭典與手工藝。

鹽的結晶被稱為「鹽之花」。在煮乾的海水上一粒粒綻放的結晶，不禁讓人聯想到雪白的花朵。

播州赤穗（譯注：現在的兵庫縣赤穗市）自江戶時代以來就是鹽的知名產地。日本四面環海，因此自古以來就不斷地探索海鹽的製作。赤穗的歷史就某方面來看，也是追求海鹽的日本人在錯誤中摸索的歷史。

千種川河口的海岸，曾經是一望無際的廣大鹽田，其上游則是名為「坂越」的港町，能夠看見人們勤奮地將貨物裝船的身影。無數鹽迴船來來往往的坂越灣，有一座綠意蔥蔥，植物茂密的生島。這裡自古以來就是大避神社的聖地，禁止人們進入，因此至今依然保留了原始的自然風光，而生島樹林也被指定為國家天然紀念物。每年秋天都會舉行以船隻將神轎運往生島的「坂越船祭」，而每年也只有這天允許為了祭祀而登島。鈴木惠社長就在坂越出生，在大海陪伴下成長。

位於兵庫縣立赤穗海濱公園的「鹽之國」。這裡復原了傳統的鹽田設備，能夠親身體驗製鹽產業的變遷。

「以前的赤穗在隔著千種川的東西兩側都有鹽田，東濱的鹽田主要生產輸往江戶的『差鹽』，西邊的鹽田則主要生產輸往大阪．京都的『真鹽』，兩種鹽的製造方法也不一樣。我們公司來自東濱。如果去到赤穗海濱公園內的『鹽之國』，就能看見復原的流下式鹽田，大約50年前，在我小時候依然採用這種方法製鹽，而我們就在蘆葦簾子的下方跑來跑去玩耍。大避神社祭祀的是『秦河勝』這名人物，他是聖德太子的親信，據說死後就葬在生島。傳說他在聖德太子死後搭船漂流到這座島上，並開始從事製鹽。」

鈴木社長自1971年開始在「株式會社天鹽」（以下簡稱「天鹽」）的母公司「赤穗化成株式會社」工作，當時剛好是時代的轉換期，傳統的鹽田因政策而廢止，國家正在推動使用離子交換膜這種化學方法制鹽。

「當時日本的經濟急遽發展，海水汙染被視為問題。大家開始對於繼續在鹽田製鹽感到有疑慮。於是，採用日本引以為傲的技術力，有效率地製作高純度精鹽就成為一股風氣。在鹽田製鹽需要藉助太陽與風的力量，因此受到天氣影響，製造量有限。但如果採用離子交換膜法，不管使用日本哪裡的海水，都能製造相同品質的鹽。不過，有些人覺得這種鹽吃起來不對勁。他們希望『廠商能夠再一次製作有著傳統美味的鹽』，而我們的公司『天鹽』，就為了回應這樣的要求而誕生。換句話說，有一群主導自然鹽保存運動的前輩，透過連署說服政府，最後催生了『特殊用鹽』這個類別，而我們就繼

製鹽的最後一道工序「釜炊」。將被稱為「鹼水」的濃縮海水，放進土鍋裡慢慢煮到乾。

煮乾海水，綻放出鹽之花

剛完成的鹽因為鹽滷的關係，帶有強烈尖銳的苦味，但隨著時間經過，逐漸轉變成圓潤的風味。

接近完成的鹽。在機械化之前的製鹽全部得依靠人力，屬於重勞動。

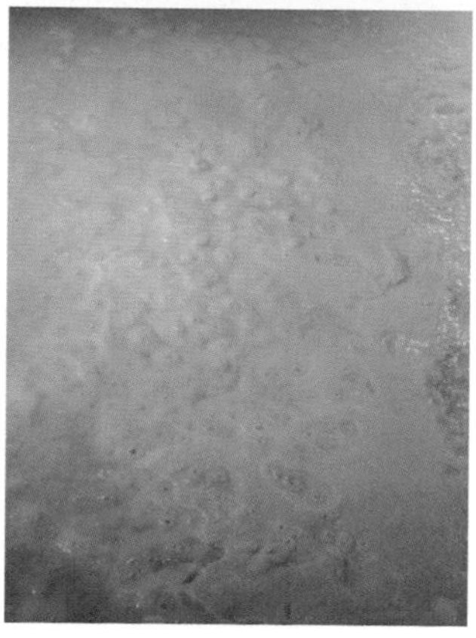

煮約4小時後，米色的海水上漂浮著「鹽之花」。

承了這群前輩的想法走到今天。這樣的經過是我們的原點，也是驕傲。」

鹽的化學式是NaCl（氯化鈉），但海水製成的鹽很自然地含有鹽滷的成分，因此除了NaCl之外，還有鎂、鈣、鉀等各種微量元素，這些元素非常重要。「天鹽」自從創業以來，就對孕育生命的大海抱持著敬意，為了製造出更加接近傳統風味的鹽而累積了各種方法。

我們可以在「鹽之國」，體驗這種人與大海協力合作的古早製鹽法。這裡復原了在中世紀普及的「揚濱式鹽田」、從江戶時代開始採用的「入濱式鹽田」，以及在1950年之後成為主流的「流下式鹽田」，也能夠參觀將鹼水在大土鍋裡煮乾的最後工序。剛完成的鹽能夠強烈感受到鹽滷刺激性的苦味，但隨著時間經過，漸漸就能嘗到溫潤、微甘的滋味。

遙想昔日活力的坂越町

坂越的主街道「大道」。船主的屋舍與酒藏，至今依然林立於鋪著石板的道路兩側，讓人感受昔日繁榮港町的熱鬧風情。

赤穗緞通作為雨天的工作而誕生

上）赤穗緞通代表性的紋樣「利劍」。這種紋樣也俗稱「忠臣藏」。下）「摘線」作業佔據了製作時間的大半。使用剪線鉗在色彩交界處加工，呈現出立體感。

此外，從赤穗的製鹽業中，也誕生了被譽為日本三大緞通（地毯）的「赤穗緞通」，這是擁有150年歷史的傳統文化。據說這種以手工編織的地毯，是在無法從事鹽田作業的日子，由女性負責的工作，使用剪線鉗的「摘線」作業，需要無比的仔細與耐心，使鳳凰與牡丹等紋樣立體浮現是其特色。

赤穗的鹽克服了時代轉換期，至今依然成為人們生活中不可缺少的調味料，而赤穗緞通也同樣克服了編織者只剩最後一人的危機，成為值得流傳給後世的技術持續保留下來。無論在哪個時代，都必定存在追求「真品」的人們，優秀的東西一定能夠保留。這是我透過一撮鹽所學到的事情。

好好吃鹽，鹽的料理帖

擺脱減鹽迷思！保留原味 x 極簡調味 x 黃金比例，90 品最佳用鹽的安心料理

攝影　濱田英明
書籍設計　茂木隆行
造型　朴 玲愛
烹飪助理　松本佳子、角田和彦
編輯・採訪・撰文　松家寛子
採訪・撰文　野崎 泉（P.132 ～ 135）
責任編輯　鈴木理恵（TAND）

攝影協力
株式会社天塩
赤穂化成株式会社
赤穂緞通工房ギャラリー東浜
赤穂市立海洋科学館　塩の国
株式会社ロイヤルクイーン
UTUWA

作者角田真秀
譯者林詠純
主編呂宛霖
責任編輯黃琪微
封面設計羅婕云
內頁美術設計李英娟、林意玲

執行長何飛鵬
PCH集團生活旅遊事業總經理暨社長李淑霞
總編輯汪雨菁
行銷企畫經理呂妙君
行銷企劃專員許立心

出版公司
墨刻出版股份有限公司
地址：台北市104民生東路二段141號9樓
電話：886-2-2500-7008／傳真：886-2-2500-7796
E-mail：mook_service@hmg.com.tw
發行公司
英屬蓋曼群島商家庭傳媒股份有限公司城邦分公司
城邦讀書花園：www.cite.com.tw
劃撥：19863813／戶名：書虫股份有限公司
香港發行城邦（香港）出版集團有限公司
地址：香港灣仔駱克道193號東超商業中心1樓
電話：852-2508-6231／傳真：852-2578-9337
城邦（馬新）出版集團 Cite (M) Sdn Bhd
地址：41, Jalan Radin Anum, Bandar Baru Sri Petaling,
57000 Kuala Lumpur, Malaysia.
電話：(603)90563833 ／傳真：(603)90576622 ／E-mail：services@cite.my
製版・印刷藝樺設計有限公司・漾格科技股份有限公司
ISBN978-986-289-808-6・978-986-289-809-3（EPUB）
城邦書號KJ2077　**初版**2023年1月
定價420元
MOOK官網www.mook.com.tw
Facebook粉絲團
MOOK墨刻出版 www.facebook.com/travelmook

國家圖書館出版品預行編目資料

好好吃鹽，鹽的料理帖：擺脱減鹽迷思！保留原味x極簡調味x黃金比例，90品最佳用鹽的安心料理 /角田真秀 作；林詠純 譯. -- 初版. -- 臺北市：墨刻出版股份有限公司出版：英屬蓋曼群島商家庭傳媒股份有限公司城邦分公司發行, 2023.1
136面；18.2×25.7公分. -- (SASUGAS ;77)
譯自：塩の料理帖: 味つけや保存、体に優しい使い方がわかる
ISBN 978-986-289-808-6(平裝)
1.食譜　2.烹飪　3.鹽
427.1　　111018058